云原生
构建数字世界

丁振海 宋立桓 著

U0228161

ChatGTP

AI

大数据

Roblox

NFT

云游戏

区块链

虚拟人

清華大学出版社
北 京

内 容 简 介

云原生是在云计算时代指导企业基于云架构设计和开发应用,并将应用向云端迁移的一套全新的技术理念。与传统应用相比,所谓的云原生应用即为云而生。构筑数字世界新未来的关键是用云原生的思维去践行,未来数字世界的基础就是建立在云原生之上,而ChatGPT走红的背后则是云原生算力的支撑。

本书共分11章,内容包括什么是云原生、云端从0到千万级用户的架构演变、基因测序的云原生之路、云游戏、大数据的云原生、云原生争霸的赛点是人工智能、数字世界的新基建——区块链技术、揭秘Roblox大型游戏创作平台、数字资产的确权——NFT数字藏品、虚拟数字人探路未来和火爆出圈的ChatGPT。本书两位作者都是国内某互联网头部企业的资深人士,他们从专业的视角给读者分享云原生构建数字世界的前沿成果及最新观点。

本书的目标读者群体是云计算从业人员,对云原生、数字世界感兴趣的人员以及企业高管。本书定位为高级科普读物而不是计算机类工具书,目的是让非计算机专业或者半路转行云计算相关行业的人员都能看明白。

图书在版编目(CIP)数据

云原生构建数字世界/丁振海,宋立桓著. —北京:清华大学出版社,2023.1
ISBN 978-7-302-62497-4

Ⅰ. ①云… Ⅱ. ①丁… ②宋… Ⅲ. ①云计算 Ⅳ.①TP393.027

中国国家版本馆CIP数据核字(2023)第024294号

责任编辑:夏毓彦
封面设计:王 翔
责任校对:闫秀华
责任印制:朱雨萌

出版发行:清华大学出版社
网   址:http://www.tup.com.cn,http://www.wqbook.com
地   址:北京清华大学学研大厦A座   邮   编:100084
社 总 机:010-83470000   邮   购:010-62786544
投稿与读者服务:010-62776969,c-service@tup.tsinghua.edu.cn
质量反馈:010-62772015,zhiliang@tup.tsinghua.edu.cn

印 刷 者:三河市科茂嘉荣印务有限公司
经   销:全国新华书店
开   本:190mm×260mm   印   张:12.75   字   数:344千字
版   次:2023年3月第1版   印   次:2023年3月第1次印刷
定   价:69.00元

产品编号:100192-01

推 荐 语

随着我国云计算市场整体规模的快速扩大，传统 IT 应用正在加速向云原生应用转型。云原生正在成为企业数字化转型的重要引擎，也将成为未来数字化基础设施的基石技术。本书的作者提纲挈领、形象地介绍了云原生如何为云而生从而构建数字世界，让非专业人士也能轻松读懂。相信本书的读者一定会收获满满！

卢龙·国家级人才称号获得者、美国耶鲁大学博士后、武汉大学信息管理学院教授

我们已经进入云计算的下半场，不再像上半场一样纠结要不要上云，而是讨论怎么上云才能把云计算的价值发挥到极致。如何让技术真正作用于企业？如何节省企业 IT 部署成本？谁也不知道答案，直到"云原生"来了。 云计算从虚拟机发展到容器，再到现在的云原生，可以看出，技术迭代发展很快。本书的作者简明扼要地阐述了云原生的基本概念以及云原生如何助力数字世界的构建，让非 IT 人士也能看得清清楚楚，从而把握时代的脉络。

陈羽中·中国科学技术大学博士、福州大学计算机与大数据学院副院长

云原生，对于一个从本科到博士再到在高校一直从事机械学科方向研究的人来说，无疑稍显陌生，甚至觉得虚幻。但回想十多年的科研过程，特别是近几年智能机器人领域的发展，"机械"和"云"早已"纠缠"在一起，彼此赋能，彼此成就。本书作者因其深厚的行业经验，以理论牵动，以实战推进，生动形象地介绍了"云原生"的概念、架构、未来发展等，对于想了解这一领域的非专业人士十分友好。

曹莹瑜·北京航空航天大学机械工程学博士、北京石油化工学院高级实验师、研究生导师

在云原生的时代，容器化、微服务等云原生技术大量普及，构筑数字世界的新未来。本书作者全方位带领云从业人员认识云原生，以及云原生如何助力数字世界构建。这是一本化繁为简、通俗易懂的入门好书。

张彤·腾讯安全生态战略总经理

云原生没有一个确切的定义，它是一种构建和运行应用程序的方法论，这也正是云原生的定义难以被解释的原因。在未来数字世界的基础设施里面，云原生技术将作为基石技术存在。

本书从云原生的本质出发，引出云原生架构对于构建数字世界、数字化转型的核心价值，同时介绍企业上云架构的经典理论。对于非 IT 人士，如果想从事云计算行业，这本书是很好的入门书。本书作者不仅有丰富的理论知识，更有丰富的实战经验，深入浅出地讲解，一定能让大家深刻理解云原生的来龙去脉。

李乐庆·腾讯云生态首席架构师

无论是数字化转型，还是数字世界的建立，都需要海量的存储、计算等资源来支撑这样的业务，云原生技术架构可以提供更大、更快的技术平台为数字世界提供服务。本书采用通俗的方式介绍了云原生与数字世界的关系，让复杂的技术变得更加浅显易懂。相信本书可以让广大读者受益匪浅！

杨凯·阿里云金融行业高级解决方案架构师

不同的人对云原生有着不同的理解，甚至不同的企业还对云原生给出了自己不同的定义。普通人确实很难懂什么是云原生以及如何构建数字虚拟世界。本书作者给出了通俗且接地气的解释，相信阅读本书的广大云计算从业者都会有很好的收获！

黄龙·百度智能云华南区解决方案总监

本书是云原生领域的诚意之作，书中全面阐述了云原生的技术背景、相关概念和前沿路线，带领云计算爱好者从零开始理解云原生。本书作者在云计算领域造诣深厚，书中涵盖了作者丰富的实战经验和企业架构转型的深刻体会，相信看到本书的读者都会获益颇丰，进一步完善自己的知识体系。

张卫平·天翼云网络架构师、高级网络研发专家

云原生这几年的发展可谓是如火如荼，云原生已经不是未来的趋势，而是我们正处于的环境，现在大家越来越关心云原生的现实意义。普通人如何能了解云原生和云计算的区别呢？本书是云原生的最强科普，它让普通人也能牢牢抓住云原生思维和架构设计特点。

王华·亚马逊云科技解决方案架构师

说起这两年最火的 IT 用语，莫过于云原生。大家言必称云原生，却少有人告诉你到底什么是云原生，若是自己找资料来看，非 IT 专业人士读完大多会感觉云遮雾罩、一知半解。本书作者的独到见解让人茅塞顿开。这是一本非常好的入门书，强烈推荐。

聂晶·微软 Azure 核心服务云解决方案架构师

前　言

　　"我的数据都放在云上真的安全吗？"这是我在日常工作中被客户问到最多的一句话，一般我会讲第一个故事——您觉得钱存在银行安全，还是在院子里面挖一个坑埋起来安全？存在银行的缺点是银行会知道你的家底，但好处是不需要担心钱埋在院子里腐烂，或者主人去世后忘记告诉子孙，最终成为一串串锈迹斑斑的铜钱。

　　云端存储通过采用服务器集群、异地容灾等技术，可保证数据万无一失，采用数据快照回滚技术，能最大限度地降低用户误删数据的损失，所以云端数据丢失的概率极低；相反，如果数据保存在本地（如计算机硬盘、U 盘、光盘、SD 卡等），这些存储介质都很容易损坏，个人用户也容易不小心误删数据。另外，一般客户使用本地存储防范黑客入侵的能力也会普遍弱于云厂商的大型数据中心。

　　一般我还会给客户讲第二个故事——每个家庭都会用到电，难道我们都需要自己买发电机，再存点柴油吗？

　　接入公共电网，并按照用电量付费，已经成为被普遍接受的能源获取模式。云计算就是这样一个按需使用的模式，当企业和个人需要计算、存储等资源的时候，不需要再去一台台地购买物理服务器，可以接入云计算的资源池，根据需求弹性获取或退订资源，并且可以灵活采取包年、包月或按量付费的模式，实际上节约了成本。

　　如果还是不放心，我再讲第三个故事——有些美食爱好者喜欢下馆子、点外卖，但是更享受与朋友一起在家烹饪、聚餐的乐趣。我们可以提供各种厨具，也可以提供各种新鲜食材，甚至可以提供五星大厨上门做菜的打包服务。对于一些特殊行业暂时无法接受公有云的客户，一样可以提供私有云服务。利用虚拟化技术和业界领先的 AI 科技，让客户在家里就能享受安全、健康的米其林大餐。也许过不了多久，千变万化的"预制菜"和"机器人厨师"就会大大改变我们的生活方式。

　　无论是公有云还是私有云，无论是开放还是保守，云计算都将以不可阻挡的趋势滚滚而来，并且以云原生的方式出现。

　　什么叫云原生？当电灯出现时，还没有发电厂和公共电网，所以最早的电灯泡并不是按照公共电网的供电模式被设计和生产制造出来的。后面人们发现电的用途还可以更多，于是出现了冰箱、彩电、洗衣机等家用电器。因为有了电，我们开始创造发明各种终端的用电产品，而这些电器、电子产品都是根据公共电网的特点被设计制造的，比如普遍接受 110~220V 的电压等。云计算也一样，云计算原本是为数据存储和终端运算提供的平台，但当云计算平台系统和生态建立起来时，大量的应用基于云计算不断被创造与更新。也就是说，云计算的出现会激发更多的基于云计算的应用出现。

　　云原生是指一种构建云计算应用的方法与方案，在设计、构造和操作某个应用和场景时，可以充分利用云计算模型和工作原理。云原生应用也就是面向"云"而设计的应用，在使用云原生技术后，开发者无须考虑底层的技术实现，可以充分发挥云平台的弹性和分布式优势，实现快速部署、按需伸缩、不停机交付等。传统应用不是为云计算而开发的，因此导致迁移成本较高。就算迁移上云，如果只用虚拟化和重新部署的方式迁移，也无法发挥云计算的弹性、高容错和高并发处理等优点。云原生定义了一条能够让应用最大限度利用云的能力、发挥云价值的路径。未来的软件一定"长"在云上，从计算机出现以来的所有应用都有必要使用云原生架构全部从零开始再做一遍。

我小时候很喜欢一部动画片《太空堡垒》，剧情描写了三代地球人反抗外星侵略者的故事。剧中有一位明星叫林明美，她在动画片中的身份是一名宇宙歌姬，凭借着在动画片中积累的超高人气，制作公司顺势以她的名义推出专辑，成功登上日本音乐排行榜 Oricon。林明美成为第一位虚拟偶像，日本媒体更在 1990 年为她率先提出了虚拟偶像的概念。如果说那时的虚拟偶像还停留在手绘动画的 2D 模拟世界里，现在的元宇宙虚拟偶像已经进化到了数字世界。

数字世界本质上是对现实世界的虚拟化、数字化过程，需要对内容生产、经济系统、用户体验以及实体世界的内容等进行大量改造。这个数字世界和现实生活有一定的契合度，所有人只要有对应的账号就可以加入这个数字世界。此时此刻，科幻小说或者科幻电影里的故事正在构建。从本质上讲，我们正在构建一个可能会超乎想象的新世界。当它逐渐完善时，我们的现实世界将与虚拟世界融合。换句话说，这将改变我们的居所、娱乐方式甚至是办公方式。整个数字世界的概念是后于云计算出现的，所以数字世界相关的整个基础设施也是基于云原生理念来构建的，因为只有基于云原生理念，我们才可能做到性能、成本的优化，才能够满足未来整个数字世界发展的底层设施的要求。可以说，云原生是企业数字化转型的基础，更是数字世界的基座。

本书适合的读者

本书适合的读者是云计算从业人员，对云原生、数字世界有兴趣的人员以及企业管理者。本书的定位是高级科普读物而不是计算机类工具书，目的是让非计算机专业，或者半路转行云计算相关行业的人都能看明白。

致谢

感谢与我一拍即合的宋立桓老师，促成"科普云计算"的想法顺利落地，本书大部分内容都源自宋立桓老师。

感谢支持我无休无止工作、出差的家人！

感谢清华大学出版社的夏毓彦老师帮助我们出版了这本有意义的著作！

云原生构建数字世界的时代正在来临，人类文明的发展一定是在"虚拟现实"和"星辰大海"中并行，我们需要为此做好准备。

丁振海

2023 年 1 月

目　录

第1章
云原生，你不了解就 OUT 了

今天我们要从云原生（Cloud Native）讲起，云原生是过去一年里云计算最火的用词之一。为什么说预知虚实相生的数字世界必须先了解云原生呢？想象一下，未来人们戴着耳机、VR眼镜，然后意识被传送到一个虚拟世界，视觉、听觉等都和现实世界一模一样，可以自己定义形象，等同于重启人生一样。在虚拟世界里，你可以去想去的任何地方，可以做任何交易，还可以瞬移，这不就是小说里的修仙吗？听上去就十分刺激。这就是元宇宙。

近年来，云计算产业赋能数字经济，云原生这一词汇进入大众视野中，而几乎每一个云计算的厂商都会把自己的产品与云原生联系在一起。但是，到底云原生这个词是什么意思，它的具体含义是什么？其实是非常含糊的。云是和本地相对的，传统的应用必须架设在本地服务器上，但是现在流行的应用（比如王者荣耀游戏、拼多多）都跑在云端。原生就是土生土长的意思，云原生是指我们在开始设计各种应用的时候，就考虑到应用将来是运行在云环境里面的，并充分利用云计算的优点，比如云服务的弹性。

另外，元宇宙（科幻小说《雪崩》描绘了一个平行于现实世界的虚拟数字世界）背后有大量的算力要求，必须有强大的云端来支撑，这就和云原生产生一种必要的关联了。对已经默默布局云原生的云计算厂商来说，谁能率先掌握元宇宙的底层基建，在一定程度上，谁就把握住了打开未来之门的钥匙。本章将为读者一一道来。

1.1 云原生初探

1.1.1 云原生诞生的背景

在著名的《集装箱改变世界》中，我们能看到集装箱的发明对于二十世纪全球化的巨大推动作用。集装箱这一看起来并无多少技术含量的发明，却因为进行标准化和系统化运输的创新而彻底改变了全球的货物贸易体系。

如今在 IT 领域，云计算的出现和发展相当于一次数字世界的"全球化"大发现，而云原生就相当于一次"集装箱式"的创新变革。

如果把互联网看作是数字世界里的贸易航线，那么应用软件和其中的数据就是穿行在航线上的船只和货物。在传统的 IT 架构中，最小的货运单位是船只（单体应用），不同的企业都有自家的船只，因此每只船只上都要配备全套的 IT 基础设施（计算、存储、网络设备等），船只要根据业务软件的规模提前规划，如果遇到业务增长，就只能在船上增补硬件设备，但如果业务下降，这些设备只能闲置吃灰。

云计算的出现相当于成立了几家大型货运公司，推出了一些超大型的标准化船只，其他企业可以选择把一部分货物交给这些货运公司去托运，甚至直接租用货运公司的船只去运货，这就涉及云计算几种不同的服务提供方式。

云计算一个很重要的特点是灵活性，它能达到两个方面的灵活性：

- 第一个方面是想什么时候要就什么时候要。比如业务量突然增大，需要增加货船的时候，鼠标一点货船就出来了，业务减少了，鼠标一点就把货船退了。这个叫作时间灵活性。
- 第二个方面是想要多少就有多少。还是那个例子，大型货运公司所能提供的船只数量是巨大的，对于绝大多数有货运需要的企业来说，根本是用不完的。即使需要成百上千只货船，都可以满足，随时有空间，永远用不完。这个叫作空间灵活性。

空间灵活性和时间灵活性即我们常说的云计算的弹性。云计算具体在服务器等物理设备上是怎么实现的呢？这就需要用到虚拟化技术。用户不是只要一个很小的计算机吗？数据中心的物理设备都很强大，我们可以从物理设备的 CPU、内存、硬盘中虚拟出一小块来给一个客户，同时也可以虚拟出一小块来给其他客户，每个客户都只能看到自己虚拟的那一小块，其实每个客户用的都是整个大设备上其中的一小块。虚拟化技术能使不同客户的计算机看起来是隔离的，我看这块盘是我的，而你看这块盘是你的，实际情况可能是我和你的盘落在同样一个很大的设备上。虚拟化软件虚拟出一台计算机是非常快的，基本上几分钟就能解决。所以在任何云上要创建一台计算机，点一下鼠标，几分钟就出来了。

云计算基本实现了时间灵活性和空间灵活性，实现了计算、网络、存储资源的弹性。计算、网络、存储设备常称为基础设施（Infrastructure），因而这个阶段的弹性称为资源层面的弹性。管理资源的云平台称为基础设施服务（Infrastructure as a Service，IaaS）。

有了 IaaS，实现了资源层面的弹性就够了吗？显然不是。还有应用层面的弹性。这里举个例子，比如要实现一个电商的应用，平时 10 台机器就够了，双十一需要 100 台。你可能觉得很好办，有了 IaaS，新创建 90 台机器就可以了。但是 90 台机器创建出来是空的，电商应用并没有安装上去，要公司的运维人员一台一台地安装，需要很长时间才能安装好。虽然资源层面实现了弹性，但是没有应用层的弹性，灵活性依然是不够的。

有没有方法解决这个问题呢？人们在 IaaS 平台上又加了一层，用于管理资源以上的应用弹性的问题，这一层通常称为 PaaS（Platform as a Service，平台即服务）。举个例子，几乎所有的应用都会使用数据库，数据是一切业务的核心，但是数据库软件是标准的，虽然安装和维护比较复杂，这样的应用可以变成标准的 PaaS 层的应用放在云平台的界面上。当用户需要使用一个数据库的时候，一点鼠标就出来了，用户就可以直接使用了。刚才提到的双十一电商节新创建的 90 台机器是空的，如果能够提供一个工具，自动在这新的 90 台机器上将电商应用安装好，就能够实现应用层面的真正弹性。最新的容器技术能更好地做这件事情，容器的英文是 Container，Container 另一个意思是集装箱，其实容器的思想就是要变成软件交付的集装箱。

在没有集装箱的时代，假设将货物从 A 地运到 B 地，中间要经过 3 个码头，换 3 次船。每次都要将货物卸下船来，摆得七零八落的，然后重新搬上船，摆放整齐。因此，在没有集装箱的时候，每次换船，船员们都要在岸上待几天才能走。有了集装箱以后，所有的货物都打包在一起，并且集装箱的尺寸全部一致，所以每次换船的时候，一个箱子整体搬过去就行了，在小时的时间级别就能完成，船员再也不用上岸长时间耽搁了。

那么容器如何对应用打包呢？还是要学习集装箱，首先要有一个封闭的环境，将货物封装起来，让货物之间互不干扰，互相隔离，这样装货、卸货才方便。回到云端，我们需要用到"镜像"工具，就是在你焊好集装箱的那一刻，将集装箱的状态保存下来，就像西游记里的如来佛祖说一声："定"，集装箱的状态就定在了那一刻，然后将那一刻的状态保存成一系列文件。这些文件的格式是标准的，谁看到这些文件都能还原当时定住的那个时刻。无论从哪里运行这个镜像，都能完整地还原当时的情况。容器运行的过程就是读取镜像文件，还原当时那个时刻的过程。有了容器和镜像，使得 PaaS 层对于用户自身应用的自动部署变得快速而优雅。

伴随着云计算这种"集中式货运"的出现，一种适应云计算架构特点的应用开发技术和运维管理方式也顺理成章地出现了，那就是云原生。云原生中的核心技术就是容器，容器的创新之处就是刚才讲的类似于集装箱的创新。正如物理世界货运的最小单元从船只变成了集装箱，在云计算中，软件的最小单元不再是主机或者虚拟机，而是一个个容器。

随着云计算服务和容器化技术的发展，越来越多的软件开发者和 IT 运维管理人员开始改变过去独立开发运行的传统模式，从而提出一套基于云计算特点的新的软件应用开发架构和模式，从而诞生了云原生的概念。

1.1.2 云有"原生"初长成

提及云原生，必然要提到云计算。众所周知，按照云计算的服务提供方式，可以分为基础设施即服务（IaaS）、平台即服务（PaaS）、软件即服务（SaaS）3 层。从 IaaS 到 PaaS，再到 SaaS，意味着云平台提供的工具和服务越来越多，购买云服务的企业所要做的开发相关的任务越来越少，这一趋势为云原生的出现提供了技术基础和方向指引。

风靡全球的云原生理念是由 Pivotal 公司提出的，在 Java 后台开发使用最多的框架都是

Pivotal 公司的，包括 DevOps（开发运维一体化）理论的提出者都在这个公司。Pivotal 官网给出了云原生的最新定义，概括为 4 个要点：容器（一种轻量级、可移植的软件打包技术，使应用程序可以在任何地方以相同的方式运行）、微服务（简单地说是开发软件的架构，它提倡将单一应用程序划分成一组小的服务）、DevOps（开发运维一体化的理念）、持续交付（不误时开发，不停机更新，是一种软件开发方法）。另外，云原生计算基金会（CNCF）提出了一个比较正式的云原生定义，这一组织将云原生定义为容器化封装、自动化管理、面向微服务。

从云原生的多个定义来看，这一概念在不断完善和更新，不同组织和企业对于云原生的侧重点也有所不同。整体来说，云原生是一套在云端构建和运行软件应用的方法，可以归结为一套技术方法论。云原生的云（Cloud）代表软件应用放在云端而非传统的 IT 设备中，而原生（Native）则代表软件应用从一开始设计，就是根据云的环境，采用云端的技术，充分利用云平台的弹性伸缩和分布式特点，最终在云端高效、稳定、安全地运行。

如何像互联网公司那样，快速上线应用，面对海量突发流量临危不惧？云原生技术架构就可以解决这些问题。从本质上来说，云原生是架构根植于云，基于云开发、部署、维护的一套技术方法体系。广义来讲，云原生是全面使用云服务构建软件的。随着云计算技术的不断发展和丰富，很多用户对云的使用不再是早期简单地租用云厂商的服务器等 IaaS 资源。狭义来讲，云原生包含以容器、微服务、Serverless 无服务器（无须管理服务器，专注业务逻辑的理念）架构为代表的云原生技术，带来了一种全新的方式来构建应用。

云原生技术可以帮助企业构造一个可扩展的、敏捷的、高弹性的、高稳定性的业务系统。它不但可以很好地支持互联网应用，也深刻影响着新的计算架构、新的智能数据应用。

1.2 企业为什么需要云原生

企业到底要不要选择云原生？让我们来看一个数据：Gartner 报告指出，到 2023 年，有 75% 的全球化企业将在生产中使用云原生的服务化应用。不仅是互联网行业，制造、房地产、生物医药、政府等各行各业都将拥抱云原生技术。在这种背景下，行业也出现了较为彻底的预判：未来成功的企业都将采用云原生技术，并且是深度应用。

如果这些都不能说服你使用云原生的话，那么我们再重申一下云原生希望实现的核心目标：让企业只关心业务创新，而无须关注任何技术层面的问题。

就拿成长型企业的数字化转型来说，不能失败，也失败不起，这关乎企业的业务创新、模式创新，也关乎企业的发展与生死存亡。对于它们来说，环境在变，市场在变，用户在变，产品在变，竞争对手在变，因此导致自身组织结构在变，经营模式在变，业务形态在变，甚至于战略定位也在变，当然，支撑业务发展的 IT 平台也在变。随机应变成为这个时代企业生存的必备能力。

我们究竟该用什么产品去应对如此之多的变化呢？非云原生莫属。有调查显示，企业并不是对云原生望而却步，而是不能自主辨别真正的云原生会带来哪些实际的业务价值。由笔者来告诉你：它正是满足业务"快速升级，极速创新"的代名词。

第一，云原生应用把原来"庞然大物"般的传统单体应用拆解成了很多独立的小模块，这些小模块都能独立"存活"，每个小模块都能单独完成一个功能需求，这些小模块就叫微服务。这类似乐高积木的建设思路，每个小模块的升级和迭代都是相对独立的，并且能够敏捷交付，而并不会影响其他模块的使用。当单体应用被拆解为体量较小的微服务时，容器技术允许每个微服务应用单独运行在一个容器内，最终使得同一台裸机上可以运行更多的应用程序。

第二，真正的云原生产品是开箱即用、免运维、免部署的，这让"极速上线"成为可能。

第三，成本因素也成为云原生应用的巨大优势之一。企业不需要任何硬件投入，无须繁重的部署，直接登录浏览器或者客户端就可以获取高可用的服务。同时，由于是按需付费的，最大限度地避免了以往的系统浪费。

第四，"快"成为成长型企业选择云原生的又一个理由。市场不会等你，同行更不会等你，可以说，它让企业的创新变革速战速决。

第五，由于采用微服务架构，系统弹性可扩展，所以企业可以根据自身业务的吞吐量和实际并发随时调整计算资源，让秒杀不再宕机，让促销畅快淋漓。

云原生首先可以支持互联网规模应用，可以使用真正的云原生产品，让"降低业务创新成本，提高业务迭代速度，推进数字化转型"不是梦。成长型企业迫切需要"完全云原生，真正微服务"。传统老旧的应用也被以云原生化的方式改造，以便能更加快速地创新和低成本地试错，屏蔽了底层基础架构的差异和复杂性，给整体 IT 架构能力带来了极致弹性，从而更好地服务于业务。可以这样预判，未来成功的企业都将采用云原生技术，并且是深度采用。

1.3 云原生架构

云原生架构具有几个典型的特征：采用轻量级的容器，设计为松散耦合的微服务，通过 API（应用程序接口）进行交互协作，使用最佳语言和框架开发，通过 DevOps 流程进行管理。正是这些典型的技术特征，使得云原生应用可以快速构建并部署到平台上，提供了更大的灵活性、弹性和跨云环境的可移植性。所以，你也可以简单地把云原生理解为：云原生 = 微服务 + DevOps + 持续交付 + 容器化。

■ 1.3.1 容器 |

云原生的核心技术之一就是容器。容器是一种应用虚拟化技术。举个例子，如图 1-1 所示，如果说物理机是独栋别墅，虚拟机是联排住宅，那么容器就是集装箱房。

图 1-1

住户（云用户）想住进独栋别墅，就需要单独占用一块地，专门设计图纸，入住周期最长，且价格昂贵、不亲民，只有资源、有资金的人才能享有。对于联排住宅而言，设计方案可以共享，在一定程度上减少了入住周期。而新式的集装箱房可以高密度地安排很多房间，内部设计可以个性化，建造时只需要使用吊车搬运集装箱房间即可。

最初，软件应用都是放在物理主机上的，管理起来非常不方便，后面出现了虚拟化技术，可以通过服务器资源共享的方式按需构建应用实例，但是虚拟化构建出来的虚拟机仍然是一个完整的操作系统，虽然比物理机更灵活，但仍然存在资源浪费的情况。容器技术就如同 IT 开发中的集装箱，采用更小的单元彻底将一个应用的资源打包在不同的容器中，从而可以适应各种应用的运行环境。

虚拟化和容器的对比关系如图 1-2 所示。虚拟化从硬件上将一个系统"划分"为多个系统，系统之间相互隔离。容器就更彻底了，它不是划分为不同的操作系统，而是在操作系统上划分为不同的运行环境，占用资源更少，部署速度更快。

关于 PaaS 每个人都有自己的定义，这里先给出我们的理解。PaaS 为应用提供了一个支撑环境，让用户关注应用自身，而平台会通过自动化的方式解决应用部署、伸缩等复杂性。从前 PaaS 的发展没有达到人们预期的一个重要原因是：传统的 PaaS 有很多限制，用户需要根据 PaaS 平台的要求来调整、改变自己应用的开发和运维流程。而容器提供的交付和部署的抽象化和标准化正好可以解决这方面的问题。一方面容器技术在软件生命周期中提供了一个标准化的方法来进行开发、交付和运维，在简化流程的同时也能优化效率；另一方面它又提供了良好的灵活性，允许用户自由地选择编程语言框架，并且更方便和自己的 DevOps 开发运维一体化流程集成。

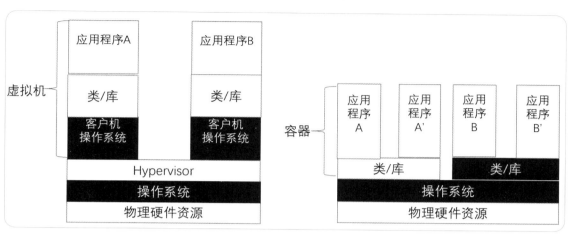

图 1-2

关于容器的价值可以从两个角度阐述：

从应用架构的角度，容器技术可以方便地支持微服务架构实现应用的现代化，更加灵活地应对变化和弹性扩展。在软件生命周期管理上，容器技术可以帮助把 DevOps 等最佳实践落地成可运用的标准化工具和框架，大大提升开发效率，加速迭代。

从基础架构层面的角度，利用容器技术带来的可移植性可以帮助开发者和企业更便捷地上云和迁移，让应用在自有数据中心和云端实现动态迁移。随着容器技术和云计算的计算、存储、网络的进一步融合，推动了 IT 架构从传统的以基础设施为中心向以应用为中心的转变。

现在一提到容器，基本就会提及 Docker 和 Kubernetes 这两个词，这两者到底有什么关系呢？

2010 年，几个搞 IT 的年轻人在美国旧金山成立了一家名叫 dotCloud 的公司。这家公司主要提供基于 PaaS 的云计算技术服务。具体来说，是和 LXC 有关的容器技术。LXC 就是 Linux 容器虚拟技术。后来，dotCloud 公司将自己的容器技术进行简化和标准化，命名为 Docker，并把 Docker 技术开源。开源后的 Docker 一炮而红，Docker 几乎已经成为容器技术的代名词。Docker 火了之后，dotCloud 公司干脆把公司名字也改成了 Docker Inc.。而基于容器技术的 Docker 从一开始就以提供标准化的运行时环境为目标，真正做到 Build once，Run anywhere（构建一次，到处运行）的理念。

就在 Docker 容器技术被炒得热火朝天之时，大家发现，如果想要将 Docker 应用于具体的业务实现，是存在困难的，比如容器编排和管理都不容易。于是，人们迫切需要一套管理系统对 Docker 容器进行更高级、更灵活的管理。

就在这个时候，K8s 出现了。K8s 就是基于容器的集群管理平台，它的全称是 Kubernetes。Kubernetes 这个单词来自希腊语，含义是舵手或领航员。K8s 是它的缩写，用 8 替代了 ubernete 这 8 个字符。和 Docker 不同，K8s 的创造者是众人皆知的行业巨头 Google。

简单来说，Docker 是目前最成功的容器工具，K8s 是目前最流行的容器编排管理工具。所谓编排，源自音乐指挥家对不同乐器演奏的协调，用在云原生这里，就是对包含应用程序的容器的协同关系管理。Docker 实现了应用与运行环境的解耦，众多业务应用负载都可以被容器化，而且应用容器化满足了可迁移、标准化的诉求。Kubernetes 的出现让管控开始得心应手，容器编排可以实现资源编排、高效调度。举个例子，我们会将业务搭建成一个集群模式，如果一台主机宕机，那么其他节点会马上接替业务，从而实现高可用。在容器世界中是怎么实现的呢？Kubernetes（K8s）就提供了这个功能，比如这个容器在这台机器上出现故障了，它会自动在另一台机器上启动这个故障容器的副本，从而实现高可用机制。

1.3.2 微服务

微服务是一种跟单体应用相对应的新的应用架构。有个比喻非常贴切，单体应用就是在一个大茶壶里煮很多饺子，现在变成在一个小茶壶里煮一个饺子，但是需要很多个茶壶。微服务就是将应用的颗粒度做到最小，使之独立承担对外服务的职责。

微服务解决的是软件开发中一直追求的"低耦合 + 高内聚"。笔者记得有一次系统的接口出了问题，结果影响了用户的前台操作，于是老板拍案而起，灵魂发问："为什么这两个会互相影响？"微服务可以解决这个问题，微服务的本质是把一块大饼分成若干块低耦合的小饼，比如一块小饼专门负责接收外部的数据，另一块小饼专门负责响应前台的操作，小饼可以进一步拆分，比如负责接收外部数据的小饼可以继续分成多块负责接收不同类型数据的小饼，这样每个小饼出问题了，其他小饼还能正常对外提供服务。

通常跟微服务相对的是单体应用，即将所有功能都打包成在一个独立单元的应用程序。从单体应用到微服务并不是一蹴而就的，这是一个逐渐演变的过程。

笔者以一个网上超市应用为例来说明这一过程。

最初的需求是只需要一个网站，用户能够在这个网站上浏览商品、购买商品。另外还需一个管理后台，可以管理商品、用户以及订单数据。网站功能有用户注册、登录、商品展示、下单等。管理后台功能有用户管理、商品管理和订单管理。

网上超市总体架构如图 1-3 所示，找了一家云服务商部署上去，网站就上线了。

随着业务发展，好景不长，各类网上超市紧跟着拔地而起，造成了强烈的冲击。在竞争的压力下，需要开展促销活动，需要新增移动端营销。所以除了网站外，还需要开发移动端 App 和微信小程序。同时，还需要利用历史数据对用户进行分析，提供个性化服务。

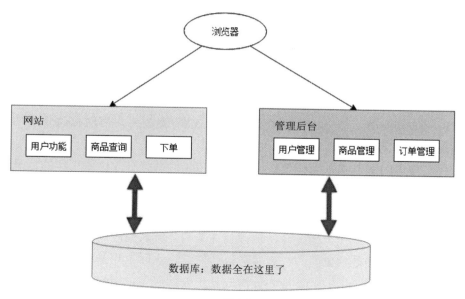

图 1-3

经过开发人员通宵达旦的加班，新功能和新应用基本完工，这时的架构如图 1-4 所示。

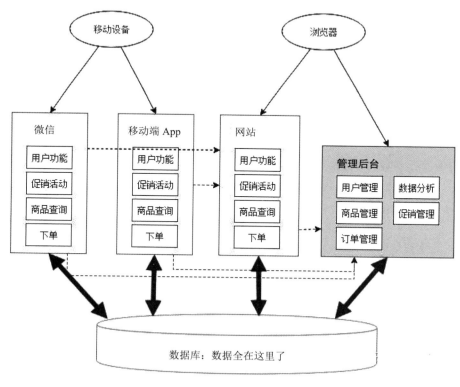

图 1-4

不能否认这一阶段的改进成果，但是，细品一下，这里存在很多不合理的地方。例如网站和移动端应用有很多相同业务逻辑的重复代码，数据调用关系杂乱。经过测试，还发现单个应用为了给其他应用提供接口，渐渐越改越大，包含很多本来不属于它的逻辑。现在所有应用都在一个数据库上操作，数据库会出现性能瓶颈，并且有单点故障的风险。数据库表结构被多个服务依赖，造成牵一发而动全身，很难调整。更可怕的是，开发、测试、部署、维护愈发困难。比如只改动一个小功能，也需要整个应用一起发布，有时修改一个功能后，另一个意想不到的地方又会出错。在这种架构中，每个人都只关注自己的一亩三分地，缺乏全局的设计。我们常说的烟囱式系统就是指这种不能与其他系统有效协调工作的信息系统，又称为孤岛系统。长此以往，整个架构会越来越僵化，这样的系统建设将会越来越困难，甚至陷入不断推翻、重建的循环。

是时候做出改变了，系统架构师开始梳理整体架构，针对问题着手改造。我们知道在编程的世界中，最重要的便是抽象能力，微服务改造的过程实际上也是抽象的过程。整理网上超市的业务逻辑，抽象出公用的业务能力，做成几个公共服务：用户服务、商品服务、促销服务、订单服务、数据分析服务。各个应用后台只需从这些服务获取所需的数据，从而删除了大量冗余的代码，就剩下轻薄的控制层和前端。

除了将服务分开外，我们一鼓作气，把数据库也拆分了，相互隔离，由各个服务自己负责。另外，为了提高系统的实时性，加入了消息队列（Message Queue，MQ，就是存放需要被传输的数据的队列）。

这里通俗地解释一下，消息队列最主要的作用是异步处理。当一次请求在处理复杂的业务逻辑时，多个业务逻辑都在同步执行，导致业务处理耗时过长。使用消息队列将一部分不需要及时同步处理的业务放到消息队列中来处理，可以提高业务的处理速度。

如图 1-5 所示，比如用户在发起一次创建订单的请求时，系统会先创建用户订单（耗时 50ms）、扣除库存（耗时 50ms）、扣除优惠券（耗时 50ms）、增加积分（耗时 50ms）等业务，一次订单请求需要完成这么多业务才能返回用户这边，通知用户订单创建成功，这一系列耗时已经超过 200ms 了。

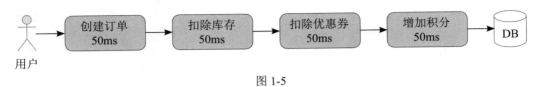

图 1-5

如图 1-6 所示，如果改成使用消息中间的方式来处理，用户发起请求时，系统将创建用户订单，然后把扣除库存、扣除优惠券、增加积分的操作放到队列中，返回通知用户订单创建成功，由消费系统来处理扣除库存、扣除优惠券、增加积分等操作。这样可以大大增加系统的处理效率，提升系统的吞吐量。

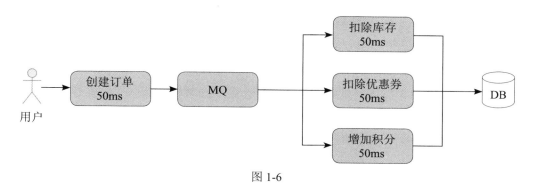

图 1-6

最终改进的架构如图 1-7 所示。这样完全拆分后各个服务可以采用异构的技术。比如数据分析服务可以使用数据仓库，以便于高效地做一些统计计算；商品服务和促销服务访问频率比较大，因此加入了缓存数据库 Memcache 或者 Redis 等。

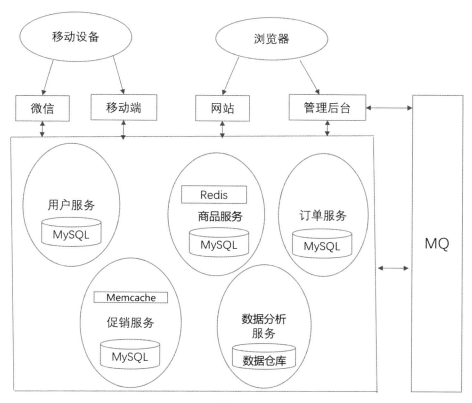

图 1-7

当我们网站的数据量过大时，频繁访问数据库会造成延迟过大、数据丢失等问题，这时就需要使用缓存技术将经常访问的数据保存在缓存数据库（速度非常快的非关系型 NoSQL 内存数据库）中以减少数据库访问。我们经常使用 Memcache 或 Redis 作为缓存数据库。当客户端申请数据时会优先发送请求到 Redis 或 Memcache 中，如果其中存在数据，则直接返回，否则 Redis 或 Memcache 向数据库发送请求，数据库查询到结果后将直接返回给客户端，同时将数据更新到缓存数据库中。

微服务架构还有一个技术之外的好处，它使整个系统的分工更加明确，责任更加清晰，每个人专心负责为其他人提供更好的服务。在单体应用的时代，公共的业务功能经常没有明确的归属，最后可能各做各的，每个人都重新实现了一遍。从这个角度来看，使用微服务架构同时也需要组织结构进行相应的调整，微服务改造需要管理者的支持。

综上所述，微服务具备如下特性：

（1）一系列独立运行的微服务共同构建起整个系统。

（2）每个服务为独立的业务开发，一个微服务一般完成某个特定的功能，比如订单服务、用户服务。

（3）微服务之间通过一些轻量级的通信机制进行通信，实现彼此间的互通互联、互相协作。所谓轻量级通信机制，通常是指与语言无关、与平台无关的这类协议。通过轻量级通信机制，使服务与服务之间的协作变得简单化、标准化。

（4）相比单体架构所有的模块全都耦合在一起，代码量大，维护困难，微服务每个模块就相当于一个单独的项目，代码量明显减少，遇到问题相对来说也比较好解决。

（5）相比单体架构所有的模块都共用一个数据库，微服务每个模块可以使用不同的存储方式（比如，有的用缓存数据库 Redis，有的用关系型数据库 MySQL 等），数据库也是单个模块对应自己的数据库。

（6）相比单体架构所有的模块开发所使用的技术都一样，微服务每个模块都可以使用不同的开发技术，开发模式更灵活。比如，订单微服务和电影微服务原来都是用 Java 语言写的，现在我们想把电影微服务改成 Node.js（Node.js 是运行在服务端的 JavaScript 技术），这是完全可以的，而且由于所关注的只是电影的逻辑，因此技术更换的成本也就会少很多。

（7）在开发中发现了一个问题，如果是单体架构的话，我们就需要重新发布并启动整个项目，非常耗时间，但是微服务不同，哪个模块出现 Bug，我们只需要解决那个模块的 Bug 就可以了，解决完 Bug 之后，只需要重启这个模块的服务即可，部署相对简单，不必重启整个项目，从而大大节约时间。

（8）单体架构在想扩展某个模块的性能时，不得不考虑其他模块的性能会不会受影响；而对于微服务来讲，这完全不是问题，电影模块通过什么方式来提升性能不必考虑其他模块的情况。

1.3.3 DevOps

DevOps 的意思如图 1-8 所示，其实它就是 Development 和 Operations 两个词的组合。

DevOps 的维基百科定义是这样的：DevOps 是一组过程、方法与系统的统称，用于促进开发、技术运营和质量保障（QA）部门之间的沟通、协作与整合。它是一种重视软件开发人员（Dev）和 IT 运维技术人员（Ops）之间沟通合作的文化、运动或惯例。透过自动化软件交付和架构变更的流程，使得构建、测试、发布软件更加快捷、频繁和可靠。

图 1-8

这个定位稍微有点抽象，但是并不难理解，反正它不是某个特定软件、工具或平台的名字。从目标来看，DevOps 就是让开发人员和运维人员更好地沟通合作，通过自动化流程来使得软件整体过程更加快捷和可靠。开发和运维不再是分开的两个团队，而是你中有我，我中有你的一个团队。现在开发和运维已经是一个团队了，但是运维方面的知识和经验还需要持续提高。

如图 1-9 所示，我们知道，一个软件从零开始到最终交付，包括 7 个阶段：规划、编码、构建、测试、发布、部署和维护。

图 1-9

"码农"的队伍扩大，工种增加。除了软件开发工程师之外，又有了软件测试工程师和软件运维工程师。早期所采用的软件交付模型称为瀑布（Waterfall）模型，如图 1-10 所示，软件开发人员花费数周或数月编写代码，然后将代码交给 QA（质量保障）团队进行测试，最后将最终的发布版交给运维团队去部署。

13

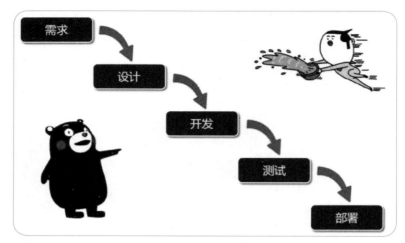

图 1-10

简而言之，瀑布模型就是等一个阶段所有工作完成之后，再进入下一个阶段。这种模型适合条件比较理想化（用户需求非常明确，开发时间非常充足）的项目。大家按部就班，轮流执行自己的职责即可。但是，项目不可能是单向运作的。客户也是有需求的。产品也是会有问题、需要改进的。随着时间的推移，用户对系统的需求不断增加，与此同时，用户给的时间周期却越来越少。在这个情况下，大家发现，笨重迟缓的瀑布式开发已经不合时宜了。

于是，软件开发团队引入了一个新的概念，那就是大名鼎鼎的敏捷开发（Agile Development）。敏捷开发是一种能应对快速变化需求的软件开发能力。其实简单来说，就是把大项目变成小项目，把大时间点变成小时间点，如图 1-11 所示。敏捷开发大幅提高了开发团队的工作效率，让版本的更新速度变得更快。

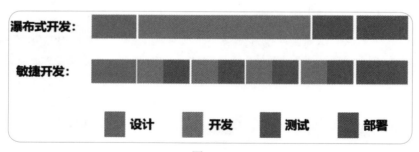

图 1-11

很多人可能会觉得，更新版本的速度快了，风险不是更大了吗？其实，事实并非如此。敏捷开发可以帮助更快地发现问题，产品被更快地交付到用户手中，团队可以更快地得到用户的反馈，从而更快地进行响应。而且，小步快跑的形式带来的版本变化是比较小的，风险也会更小。即使出现问题，修复起来也会相对容易一些。

虽然敏捷开发大幅提升了软件开发的效率和版本更新的速度，但是它的效果仅限于开发环节。在运维环节依旧是铁板一块，成为新的瓶颈。运维工程师和开发工程师有着完全不同的思维逻辑。运维团队的座右铭很简单，就是"稳定压倒一切"。运维工程师的核心诉求是不出问题。什么情况下最容易出问题？发生改变的时候最容易出问题。所以说，运维非常排斥变更。于是，矛盾就在两者之间集中爆发了。这个时候，我们的 DevOps，隆重登场了。

很多人可能觉得，所谓 DevOps，不就是 Dev+Ops，把两个团队合并，或者将运维划归开发，不就完事了，简单粗暴。注意，这个观点是不对的，这也是 DevOps 这些年一直难以落地的主要原因。想要将 DevOps 真正落地，首先思维要转变，不仅运维人员的思维要转变，开发人员的思维也要转变；员工的思维要转变，领导的思维更要转变。DevOps 不仅是组织架构变革，更是企业文化和思想观念的变革。如果不能改变观念，即使将员工放在一起，也不会产生火花。

除了思维要转变之外，还要根据 DevOps 的思想重新梳理全流程的规范和标准。在DevOps 的流程下，运维人员会在项目开发期间就介入开发过程中，了解开发人员使用的系统架构和技术路线，从而制定适当的运维方案。而开发人员也会在运维的初期参与到系统部署中，并提供系统部署的优化建议。DevOps 的实施可以促进开发人员和运维人员的沟通，增进彼此的理解。为了按时交付软件产品和服务，开发人员和运维人员必须紧密合作。

目前支持 DevOps 的软件实在是太多了。限于篇幅，就不一一介绍了。其实技术（工具和平台）是最容易实现的，流程次之，思维转变反而最困难。换言之，DevOps 考验的不仅是一家企业的技术，更是管理水平和企业文化。

如图 1-12 所示，对比前面所说的瀑布式开发和敏捷开发，我们可以明显看出，DevOps贯穿了软件全生命周期，而不仅限于开发阶段。

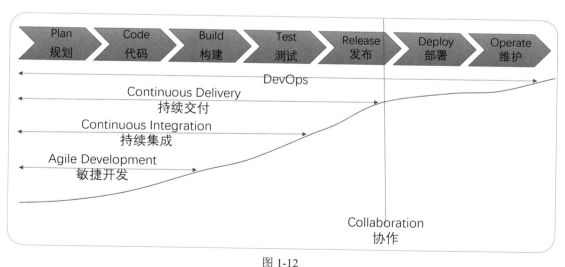

图 1-12

如今，DevOps 几乎已经成为软件工程的代名词。虚拟化和容器技术为 DevOps 提供了很好的前提条件，开发环境和部署环境都可以更好地隔离了，减少了相互之间的影响。这也是DevOps 以前不火，现在越来越火的主要原因之一。

■1.3.4 持续交付

如图 1-13 所示，在软件开发领域，曾经有一个"不可能三角"的说法，也就是功能复杂程度、交付周期和可靠性这三者无法同时实现，但基于云原生的技术和管理方法解决了这个开发难题，进而帮助企业提升应用开发效率，实现业务创新。

图 1-13

持续交付到底是什么意思，它的定义是什么？持续交付是软件研发人员如何将一个好点子以最快的速度交付给用户的方法。更直白地说，持续交付的意思就是在不影响用户使用服务的前提下，频繁地把新功能发布给用户使用。

了解了持续交付，你可能会说持续集成、持续部署又是什么意思，它们和持续交付有什么关系呢？下面简单解释一下。

我们通常会把软件研发工作拆解、拆分成不同模块或不同团队后再编写代码，代码编写完成后，进行集成构建（所谓构建，指的是将源代码转换为可以运行的实际代码）和测试。这个从编写代码到构建再到测试的反复持续过程就叫作持续集成。

持续集成一旦完成，则代表产品处于可交付状态，但并不代表这是最优状态，还需要根据外部使用者的反馈进行持续优化。当然，这里的使用者并不一定是真正的用户，还可能是测试人员、产品人员、用户体验工程师、安全工程师、企业领导等。

在持续集成之后，获取外部对软件的反馈，再通过持续集成进行优化的过程就是持续交付，它是持续集成的自然延续。

持续部署又是什么呢？软件的发布和部署通常是最难的一个步骤。

传统安装型软件要现场调试，要用户购买等，其难度可想而知。即使是互联网应用，由于生产环境的多样性（各种软件安装、配置等）、架构的复杂性（分布式、微服务）、影响的广泛性等，即使产品已是待交付的状态，要真正达到用户可用的标准，还有大量的问题需要解决。

而持续部署就是将可交付产品快速且安全地交付给用户使用的一套方法和系统，它是持续交付的最后一公里。

可见，持续交付是一个承上启下的过程，它使持续集成有了实际业务价值，形成闭环，而又为将来达到持续部署的高级目标做好了铺垫。

持续交付通常以发布流水线的方式来解释，即研发团队从开发到测试，再到部署，最终将产品交付给用户使用的过程。虽然持续交付着重打造的是发布流水线的部分，但它所要达到的目标是在最终用户和研发团队之间建立紧密的反馈环：通过持续交付新的软件版本，以验证新想法和软件改动的正确性，并衡量这些改动对软件价值的影响。

这里说的软件价值，说白了就是收入、日活等 KPI 指标。通常我们在实施持续交付后，都能够做到在保证交付质量的前提下加快交付速度，从而更快地得到市场反馈，引领产品的方向，最终达到扩大收益的目的。

在互联网应用盛行、速度为王的今天，持续交付的价值更是被突显出来。持续交付的能力正成为评定一家公司研发能力的重要指标。

各位读者是不是对持续集成、持续部署、持续交付三者之间的关系感觉还是有点绕？再举个例子：

> 你开了一家公司，雇了很多"码农"在一起写代码。你有一个源代码管理系统，旨在让多个开发人员、设计人员及其他团队成员轻松地处理同一个项目。它确保每个人可以访问同样的最新代码，并跟踪修改。当一个"码农"在自己的开发机上写好代码之后，要合并到主分支，他首先要发起一个合并请求（Merge Request），这会在一个特定服务器上触发一次对他提交的代码的检查，包括代码格式检查、依赖关系检查以及单元测试等一系列检查，等通过了全部检查，他就可以将代码合并到主分支，否则他需要按照错误提示进行修改，然后发起新一轮的检查。然后，每天晚上 10 点会有一个定时任务从主分支上拿最新的代码，进行编译打包，最后将打包好的程序推送到一个服务器上保存。

> 你又说，要每天将当天打包好的程序部署到测试环境上。也就是说，一个"码农"晚上 10 点之前提交了代码，那他第二天就可以在测试环境上看到自己新提交的代码的运行结果。

> 你还说，每一个月要在生产环境上部署一个稳定的发布版本。

以上 3 段内容是一个软件从开发到部署的流程的简单描述，分别对应持续集成、持续交付以及持续部署。

1.4　聊聊 Serverless 架构

大多数公司在开发应用程序并将其部署到服务器上的时候，无论是选择公有云还是私有的数据中心，都需要提前了解究竟需要多少台服务器、多大容量的存储设备和数据库的功能等，并且需要部署运行应用程序和依赖的软件到基础设施上。如果我们不想在这些细节上花费精力，是否有一种简单的架构模型能够满足我们这种想法？这个答案已经存在，就是如今软件架构世界中新鲜且热门的一个话题——Serverless（无服务器）架构。

Serverless 是对用户强调 No Server（没有服务器），本质并不是不需要服务器，而是将用什么服务器、用多少服务器等一系列涉及底层资源的问题全部交给智能化的平台。用户不用再去关心自己的服务器，只用把业务部署到平台上即可，平台可以根据实际请求进行弹性伸缩，不用关心资源问题，可以真正和底层基础架构解耦。

我们为什么去想 Serverless？因为在每一个时代，基础设施是不一样的，当发现基础设施落时，我们在架构上想了很多办法，通过不断地拆分应用来解决业务应用难题；当基础设施提升时，我们的架构设计又开始整合，这是不停循环的过程。当然，重点不是为了拆分而拆分，最根本的目的是解耦，专业的事情交给专业人士来做，让开发人员可以专注于产品代码开发，而无须管理和操作云端和本地服务器。

Serverless 技术因其降低开发成本、按需自动扩缩容、免运维等诸多优势，已经大量被开发人员用来更快地构建云上应用。说起 Serverless，作为一种云开发的架构模式，Serverless 到底解决了什么问题？如果用一句话总结，那就是它可以帮我们技术人省钱、省力气。举个例子，拿部署一套博客来说，常见的架构需要购买云服务商的虚拟机、数据库，做得好的话还要购买 Redis 缓存、负载均衡、CDN 等。再考虑容灾和备份，这么算下来一年最小开销都在几万元左右。但如果你用 Serverless 的话，这个成本可以直接降到几千元。

所以说 Serverless 是对运维体系的极端抽象，就像 iPhone 当年颠覆诺基亚一样，它给应用开发和部署提供了一个极简模型。这让一个零运维经验的人几分钟就能部署一个 Web 应用上线，并对外提供服务。是不是很省力？Serverless 的最佳实践模式就是让开发者专注于业务代码的开发，无须关注平台运行的差异性，也不需要关心与应用逻辑以外的服务相关的事情，包括管理、配置、运维。

这里不得不提到一个概念，就是函数即服务（Function-as-a-Service，FaaS），它是 Severless 兴起后的概念，云计算的一种模型。传统的 PaaS 平台，开发者对服务运行的实例还是有感知的，即便没有调用，依然需要占用资源，并对资源付费，并不是完全的 Serverless，直到 FaaS 出现。FaaS 可以理解成给 Function 函数提供运行环境和调度的服务。Function 函数可以理解为一个代码功能块，而 FaaS 本质上是以程序的快速启动来实现真正的按需运行、按需伸缩以及高可用的。FaaS 完全可以做到开发者对服务运行的实例无感知，也就是真 Serverless。

使用 FaaS 时，你只需使用平台支持的语言（如 Python、Node.js、PHP、Java）编写代码。云平台将完全管理底层计算资源，包括服务器 CPU、内存、网络和其他配置/资源维护、代码部署、弹性伸缩、负载均衡、安全升级、资源运行情况监控等。并且，它在执行时将根据请求负载扩缩容，从每天几个请求到每秒数千个请求，都是底层自行伸缩，无须人工配置。终端客户不需要部署、配置或管理服务器，代码运行所需要的服务器皆由云端平台来提供。客户只需关注业务本身，弹性扩容、自动部署这些细节的东西都交给云厂商去做。

构建 Serverless 架构下的应用程序，意味着开发者可以专注于产品代码开发，而无须管理和操作云端或本地的服务器或运行时。因此，对于企业来说，应用 Serverless 架构具有明显的优势：

1. 降低公司启动成本、运营成本

通常情况下，创业公司启动 Web 网站服务需要准备服务器等 IT 基础设施。采用云服务，

创业公司不需要自己搭建服务器，因此会有更多的时间去开发业务功能。而采用 FaaS 函数计算的 Serverless 与云服务器最大的区别是：云服务器需要一直运行，比如按月费或年费租用，但是 Serverless 是按需计费的，在有请求到来的时候才自动触发运行云函数，否则是不需要花钱的。

2. 降低开发成本，实现快速上线

Serverless 会提供一系列的配套服务，并且会提供一系列的云函数计算模板，我们只需要写好配置即可，这一系列东西都可以自动、高效地完成任务。Serverless 内部还有相当于自动化部署的功能，每次写完业务代码后，只需要运行一下即可，可以很轻松地实现快速上线。

3. 系统安全性更高

要保持服务器一直运行不是一件容易的事情，并且还需要考虑遭受黑客不同类型的攻击，但是有 Serverless 后，我们不需要考虑这些问题了，第三方供应商会帮我们解决这些问题。

4. 能适应微服务架构，扩展能力强

对于传统应用来说，应对更多请求的方式就是部署更多实例。然而，这个时候往往已经来不及了。而对于 FaaS 来说，我们并不需要这么做，FaaS 会自动扩展。它可以在需要时尽可能多地启动实例副本，而不会发生冗长的部署和配置延迟。

Serverless 以后一定会成为云计算的主流，这不是技术决定的，而是经济活动的发展规律决定的，是必然的。IT 软件研发的趋势也将从全能手转到只关注具体点上，专业的人做专业的事情，分工明确，释放开发人员的精力，只专注真正有价值的事情。

1.5 云原生打造数字世界的基础设施

数字世界本质上是对现实世界的虚拟化、数字化过程，需要对内容生产、经济系统、用户体验以及实体世界内容等进行大量改造，因为虚拟现实、增强现实对于延时的要求，以及整个 3D 内容对于算力和实时性的要求，都是远超目前现状的。从这个角度出发，我们认为对于基础设施会有非常大的挑战。

数字世界有沉浸感（能够沉浸在数字世界的体验中，忽略其他的一切）、超低延时（一切都是同步发生的，没有异步性或延迟性），有一个非常高精度的对现实世界的建模，那么它对基础设施的要求应该是什么样的？这里基础设施专指我们关心的算力这部分基础设施，我们认为对算力的要求有以下几个特点：

（1）协同计算。数字世界内容渲染的精度和复杂性应该会超出任何单张显卡或者单机的性能，而且按照半导体的发展速度，在可见的未来，用单张显卡不可能搞定元宇宙级别的

渲染，所以我们要在集群的协同计算上有很多算法的突破，这一块不仅要实现多卡，还要实现跨物理机，甚至未来要跨物理节点，在一个覆盖全国算力的网络上去做协同计算。这块会面临很多挑战，包括底层的、算法的以及引擎层面的挑战。

（2）实时性。所有的渲染、计算必须保证实时，因为未来的数字世界会根据用户的交互实时产生内容。所以说任何之前的工业标准在元宇宙的语境下可能都会面临很大的挑战，因为实时性对于整个算法的优化，以及底层架构的构建是完全不一样的。

我们认为按照实时性和协同计算的要求，未来整个算力一定是通过一个分布式的网络实现的，这是一个覆盖到中心、边缘，甚至端侧协同的分布式的算力网络。我们认为这块整个基础设施是基于云原生的理念来构建的，因为只有基于云原生的理念，我们才能做到对性能、成本足够优化，满足未来整个数字世界发展的底层设施的要求。

第2章
云端从 0 到千万级用户的架构演变

企业 IT 信息化系统上不上云？即使上了云，在云端如何构建千万级用户访问的架构？本章将结合公有云最佳实践经验，分享一个普通的网站发展成千万级以上用户访问量的大型网站的过程中一种较为典型的架构演变历程。

2.1 企业 IT 信息化系统上不上云

企业 IT 信息化系统上不上云？上什么样的云最合适？上了云之后怎么利用好云？这 3 个问题是经营现代企业逃不过的问题。在合适的时间选择合适的云服务是大势所趋，能问出这些问题，只是迈出了第一步，之后一定要步步为营，每一步都考虑好方向。

总的来说，使用云服务是所有现代化企业肯定要面临的一个管理决策。决策有两个大方向：一种是不上云，另一种是上云。企业的业务发展到一定程度，肯定是需要信息系统来支撑的，企业如果是一套房子，信息系统就是家里的家用电器。当然，没有家用电器也能活，就好像没有洗衣机也能洗衣服，但是洗衣机无疑会让洗衣服这个事情的效率大大提高。支撑信息系统工作的是服务器、网络这些基础架构，而支撑洗衣机工作的是电力。用最简单的例子来说，不上云相当于自己家里买个发电机发电，而上云相当于找发电厂买电（发生停电的概率远小于自家发电机故障断电的概率）。当然，这两种方式没有严格的对错，只有合适和不合适。上云或者不上云本质上是不同业务发展阶段的不同需求。

目前拥抱公有云的客户还是互联网企业为主，传统中小型企业和大企业体量都不大。互联网用户的诉求很简单，要求就是便宜、敏捷和好用。特大企业现在拥抱公有云的不多，它们有钱、有人、有空间来搞自有的私有云。但是企业运营早晚会被成本和灵活性限制。当自有数据中心建设的风、火、水、电因素放入考量，运维自己的大型私有云"管生又管养"的高投入模式肯定会逐渐降低信息系统建设的效率。

目前传统企业选择自建资源池，根本原因还是核心诉求和互联网用户不同，传统大企业的核心诉求是可靠、开放与合规。但是随着公有云领域的产品越来越可靠、好用与合规，成本因为规模效应被进一步压缩，未来会有更多的传统企业业务上云。

　　而传统的中小企业其实可以更早选择公有云的方式来替代传统自建 IT 的模式，这样可以实现省时、省力、省人、省空间，让企业将更多资源专注于业务拓展，同时传统 IT 的模式从经营上讲也会增加企业的固定资产，硬件使用到一定时期还要面临维保、更新换代等问题。而公有云有很好的弹性，可以应对突然到来的高峰应用诉求。

　　大家经常听到的私有云、公有云、混合云等词，接下来通俗地解释一下。

　　用一个故事来介绍一家创业公司的工程师小张的经历：

　　最开始，创业公司企业信息系统要求不强，比如全公司没几个人，每天有个打卡系统记录下上班时间就行了。小张就去买了一台服务器，让打卡系统运行在这台服务器上面。后来公司业务发展了，人也多了，信息系统多了起来，比如请假、采购、报销等系统，于是每次搭一个系统，小张就去买一台服务器，用得也挺好的。

　　然后小张的领导王总感觉情况不太对，打卡系统每天也就上下班的时候用得繁忙一点，大部分时间都闲着，用一整台服务器太浪费了。而报销系统平常还好，到了月末所有人一起填报销申请表的时候卡得跑不动，一台服务器不够用，要用两台，但是买两台平常又闲着。

　　这种加一个系统就买一台服务器的方法太浪费资源了，王总让小张出个主意。

　　小张灵机一动，决定搞个 IT 资源池。资源池由很多服务器组成，购置服务器硬件，将其纳入资源池，按照应用需求迅速在现有的服务器资源中配置运行环境，这样缩短了新应用的部署时间，提高了设备使用效率。每台主机运行多台虚拟机，大大提高了物理服务器 CPU 和内存的使用率，减少了业务应用对服务器硬件资源的依赖。现在所有的信息系统都可以运行在这个资源池里面，那些需求高的信息系统就多分配点资源，需求少的就少分配点。月末的时候给报销系统多分配点资源，月初的时候给财务打款系统多分配点资源，这样资源得到了最大化的利用，业务系统的物理硬件资源不足时，通过资源池实现相应的快速资源动态调整，在业务繁忙时系统不会卡，服务器使用效率也得到大大提升。小张想出来的这个东西其实就是一种企业私有云，私有云的资源由企业自己购买和建设，对比传统 IT 分散资源的优点是：资源集中、资源共享、资源高效利用。王总很开心，给小张升了职，成了张工，岁月静好。

　　后来公司业务发展越来越好，企业有了自己的电商平台，运行在自己的私有云上。电商平台每个月卖 5 万单的货，领导很开心。转眼双 11 还有一个月就要到了，公司上下士气高昂，电商节这种重大利好，一天销量顶平时半年，一定要抓住机会。但是张工这时犯难了，平常一个月 5 万单，运行在公司私有云上轻轻松松，但是双 11 一天 20 万单，是平常单日销量的 100 多倍，就算把整个私有云的资源都分配给电商系统，也不够用。

　　这时再继续买服务器和交换机来扩大资源池，当然是可行的，但是时间不等人。企业采购服务器，很多供应商也是接到订单才开始排产，没有现货，买到手动辄需要一两个月时间，还要把机器都安装上，软件都配置好，别说双 11 了，圣诞节都要过去了。更不要说，公司的数据中心机房只有那么大点地方，买了新设备也放不下。

　　但是张工毕竟是久经考验的，他又想到了一个主意——我们的电商平台就不要在企业的资源池上运行了，我们可以租外面的资源池。这个资源池就是公有云。

于是张工联系了国内的大型公有云服务提供商，比如腾讯云，一下子买了双 11 当天原本电商平台 100 倍的资源，张工还留了个心眼，设置了"自动弹性伸缩"，万一当天销量比预期的还要更高，资源可以自动扩容到 200 倍。然后接下来的一段时间，云服务商的工程师和张工一起，哼哧哼哧地把电商系统迁移到了公有云上。

双 11 当天，果然销量很高，但是好在有 100 倍资源的支撑，系统没有崩溃，领导很开心。双 11 过后，销量回归正常，张工又把资源从 100 倍调回了正常水平，电商系统也就一直留在了公有云上，静待明年双 11 时再次扩容。

后来，公有云服务商根据张工的实际资源使用收费，省去了张工把私有云扩建 100 倍的时间、精力和金钱。

公有云相对于私有云的优点是：敏捷快速，准备时间短，弹性大；按需付费，实报实销，不浪费；不需要考虑自建设施的维护成本和人员支出；省机房空间，省电，绿色节能。王总很开心，给张工又升了职，成了张经理，岁月依旧静好。

这时，公司业务发展多元化了，在世界各地开新工厂和分公司，对信息系统的要求更高了。张经理也尝到了公有云的甜头，恨不得所有信息系统都架到公有云上。这时也碰到了一些问题，企业已经非常庞大了，但是一些自用的信息系统，因为开发时间较早，用的人多，支持的业务非常复杂，所以没法迁移到公有云上，还是只能运行在原本的私有云资源池上。

这时，已经身经百战的张经理决定，这些系统虽然留在私有云上，但是和公有云上的系统实现信息流的互通，顺便能够互相备份。这就是混合云架构。混合云架构的优点是：享受了公有云的便利，保证了不方便迁移的私有云上业务系统的正常运行，而且网络互通，能够统一管理。

讲完了小张成为张经理的故事，可以看到，其实虽然技术复杂度不同，但是选择是否上云、上什么样的云，取决于企业业务的需求和发展阶段。而选择上云、上不同的云，要做的技术工作也不一样。比如，上私有云要自己采购对应的企业 IT 硬件设备，更多的是买产品；上公有云要找公有云服务提供商，更多的是买服务；上混合云两者都要做一点，产品和服务都要买。

讲完了不同的云服务的类型，下面讲一下上了云之后的大致路径。

第一条是业务云化，也就是把自己的业务系统（如 ERP、MES、CRM 等）迁移到云上，用更快的速度实现统一管理、随处接入、全球覆盖和异地灾备。这是企业上云的基础。

第二条是数据能力的云化，也就是把数据采集、计算、管理和应用这些所有场景的能力全部在云端执行。大数据的降维打击目前在零售、安防等领域开始逐渐明晰，数据能力的云化肯定是相关企业要考虑的。

第三条是利用云服务快速应对业务创新，也就是说云服务的敏捷、接入方便、管理监控方便等优势，最后还是要回到服务业务创新上来。云原生技术让客户更聚焦自己的业务。

2.2 云端千万级架构的演变

一个好的架构是靠演变而来的，而不是单纯靠设计。刚开始做架构设计时，我们不可能全方位地考虑架构的高性能、高扩展、高安全等各方面的因素。随着业务需求越来越多、业务访问压力越来越大，架构不断地演变及进化，因而造就了一个成熟稳定的大型架构。例如淘宝网、Facebook等大型网站的架构，无不是从一个小型规模的架构不断进化及演变成为一个大型网站架构。

2.2.1 架构的原始阶段：单机搞定一切

架构的原始阶段，即一台云服务器搞定一切。传统企业官网、论坛等应用只需要一台云服务器，对应的Web服务器、数据库、静态文件资源等部署到一台云服务器上即可。

顺便讲一下，在采购服务器的时候会让用户选择地域（Region，也叫区域）和可用区，在公有云的购买页面可以看到这些选项，很多人直接自己在哪就选择哪个地域。而选择地域时，最好优先考虑和目标用户所在地域最为接近的数据中心，离目标用户越近，用户的访问速度就越能得到提升。比如，如果你的目标用户主要在北方，选择的地域可以是北京；如果你的目标用户是全国范围内的，则可以选择人员比较集中的地域。

这个地域是一个物理的概念，是数据中心的集合，可以覆盖一个地区或国家。然后区域下面有可用区（AZ）的概念，一个地域包括多个可用区。而可用区是若干物理数据中心（由高速光纤连接）逻辑上组成的，如北京区域有两个可用区，通俗来说可以理解为同城的多数据中心。

为什么可用区的概念这么重要？是因为公有云的很多服务都是天然跨可用区的，可用区与可用区之间在设计上是相互独立的，也就是说它们会有独立的供电、独立的网络等，这样一个可用区出现问题，也不会影响其他的可用区。在一个区域内，可用区与可用区之间是通过高速网络连接的，从而能够保证有很低的延时。

刚上线的时候，考虑到便利性，通常可以采用All-in-one的结构。这是一个最简单的架构，即使只有一台云服务器，也大有文章可做，因为云服务器本身的配置非常多样。它有不同的机型，比如内存优化型，适用于构建基于内存的数据库、大数据处理引擎、高性能计算等应用；GPU型，适用于3D图形应用等；还有计算优化和存储优化型等。

云服务器的硬盘可以选择高性能云盘或SSD云硬盘。在实际使用中，SSD云硬盘的读写速度数倍于高性能云盘，当然也贵一些。大部分常见的网站、博客、轻量级业务、代码测试等选择高性能云盘，也就是选配时系统默认给你的云盘。大型程序、App、企业级业务、大型数据库等场景，对云硬盘I/O读写频繁，性能要求高，那么就选SSD云硬盘。

但是这样一个小型的架构会存在一个问题，如果网站突然火爆，访问量突增，那么势必会扛不住。

2.2.2 架构的基础阶段：Web 服务器和数据库物理分离

当访问压力达到 50 万 PV（PV 一般指页面浏览量）到 100 万 PV 的时候，部署在一台服务器上面的 Web 应用及数据库服务应用等，会对服务器的 CPU、内存、磁盘、带宽等系统资源进行竞争。显然单机已经出现性能瓶颈。我们将 Web 应用程序和数据库物理分离，单独部署，解决对应的性能问题。

数据库 DB 的最佳选择是云托管的数据库服务（不要选择在云服务器上自行搭建一个数据库，这样你仍然要做很多数据库运维工作）。云数据库的好处是维护简单，因为底层都是公有云厂商在维护。可以方便扩容配置，而且有自动备份。它还会在另一个可用区配置一个同步复制的副本数据库（也称为从库），这样主数据库将跨可用区同步复制到备用副本，以提供数据冗余，一旦主库失效，就能绕过故障转移过去。

于是，将数据库拆出来后，系统架构图就会演变成如图 2-1 所示。

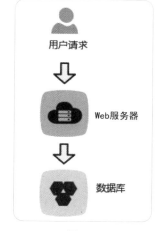

图 2-1

2.2.3 架构的动静分离阶段：CDN+ 对象存储

当访问压力达到 100 万 PV 到 300 万 PV 的时候，我们会看到前端 Web 服务器出现性能瓶颈。大量的访问请求被堵塞，同时服务器的 CPU、磁盘 IO、带宽都有压力。这时，一方面要考虑动静分离，将静态资源分离出来，比如网站图片、视频等，存储在对象存储上。对象存储是无目录层次结构、无数据格式限制，可容纳海量数据且支持 HTTP/HTTPS 访问的分布式文件系统。这个对象存储可以自动扩容，只需要把对象放进来。对象存储适用于存储非结构化的数据，我们日常生活中见到的文档、文本、图片、音视频信息等都是非结构化数据。据统计，自社交网络发展以来，非结构化数据占总数据量的 75%。对象存储的容量是 EB 级以上的，EB 有多大？ $1EB \approx 1 \times 10^9$ GB。这个容量还在不断上升，简单来说，无论你有多少数据，请放心存储，容量管够。

另一方面，通过 CDN（内容分发网络）将静态资源分布式缓存在各个节点实现就近访问。通过将动态请求、静态请求的访问分离（动静分离），有效解决服务器在磁盘 IO、带宽方面的访问压力。CDN 的原理如图 2-2 所示，用户在上网的时候不用直接访问源站，而是访问离它最近的一个 CDN 节点，术语叫边缘节点，其实就是缓存了源站内容的缓存服务器。将需要访问的内容提前存储在缓存服务器上，让用户访问资源的网络距离变短，消除因为用户地域差异而导致的用户体验不一致，提供不同地区用户的相对一致的高性能访问体验。

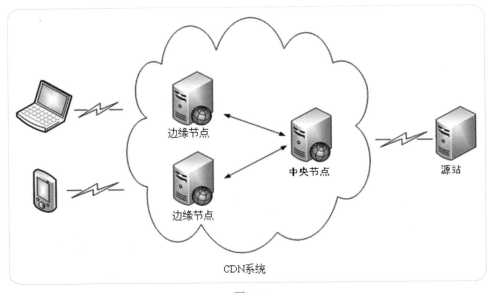

图 2-2

这种整体系统架构采用 CDN + 云服务器 + 对象存储 + 云数据库，如图 2-3 所示。

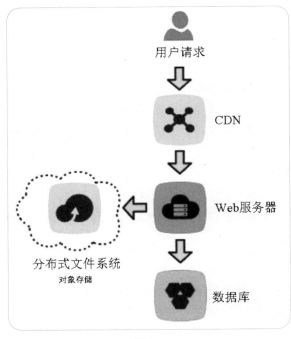

图 2-3

■ 2.2.4 架构的分布式缓存阶段：负载均衡 + 数据库缓存 |

当访问压力进一步增大，虽然动静分离有效分离了静态请求的压力，但是动态请求的压力已经让服务器吃不消了。最直观的现象是，前端访问堵塞延迟，单台 Web 服务器已经满足不了需求，这里需要通过负载均衡技术增加多台 Web 服务器，因而告别单机的时代，转到分布式架构的阶段。

负载均衡通常用于将工作负载分布到多个服务器，以提高网站或应用的性能和可靠性。用户访问负载均衡器，再由负载均衡器将请求转发给后端服务器。

虽然负载均衡结合多台 Web 服务器解决了动态请求的性能压力，但是这时我们发现数据库却出现了压力瓶颈，常见的现象就是数据库的连接数增加并且堵塞，CPU 利用率经常为100%。此时，我们通过数据库缓存服务，可以把数据库的热点数据放在数据库缓存中，有效减少数据库访问压力，进一步提升性能。

数据库缓存是性能极高、内存级、持久化、分布式的存储服务，适用于高速缓存的场景，在互联网、App 应用产品中，可以将用户的一些基础资料缓存起来，以提高读性能。在电子商务网站中，商品分类数据、商品搜索结果的列表数据以及可查看的商品数据和商家基本数据，这类数据的访问量特别高，但不会经常改变。在这种场景下，可以通过数据库缓存服务将这类数据缓存起来进行快速读写，提高访问速率。

讲到数据库缓存技术，就会想到 Redis 和 Memcache。Redis 和 Memcache 都是将数据存放在内存中，都是内存数据库。Memcache 不支持持久化，数据都存放在内存中，一旦停电就会造成数据丢失，且不可以恢复。Redis 支持持久化，可以将数据持久化到磁盘，停电时还可以恢复数据。

整体系统架构如图 2-4 所示。这个架构支持访问量达到 500 万 PV 到 1000 万 PV。

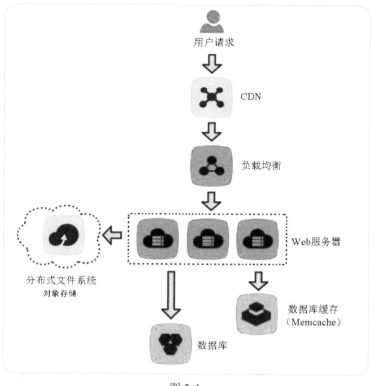

图 2-4

2.2.5 架构扩展阶段

当访问量达到 1000 万 PV 以上时，我们可以看到对象存储已经解决了文件存储的性能问题，CDN 也解决了静态资源访问的性能问题。但是当访问压力再次增加时，Web 服务器和数据库方面依旧是瓶颈。在此我们必须通过垂直扩展进一步切分 Web 服务器和数据库的压力，解决性能问题。

按照不同的业务（或者数据库）切分到不同的服务器（或者数据库）上，这种切分称为垂直扩展。在业务层，可以把不同的功能模块拆分到不同的服务器上面进行单独部署。比如，用户模块、订单模块、商品模块等，可以拆分到不同服务器上面部署。

在数据库层，当使用了数据库缓存，数据库压力还是很大的时候，我们可以通过读写分离的方式进一步切分及降低数据库的压力。一般而言，业务场景下对数据库的查询操作要远远高于增、删和改，并且读操作对数据库的影响要更小。因此，主数据库主要承担数据的增、删和改任务，从数据库主要承担数据的查询任务。主数据库和从数据库通过主从复制技术来实现数据的同步。

主从复制技术的原理是：建立一个和主数据库完全一样的数据库环境，称为从数据库。此时主数据库会将更新信息写入一个特定的二进制日志文件中，这个日志可以记录并发送到从数据库的更新中。一台从数据库连接到主数据库时，从数据库会把自己读取日志文件中最后一次成功更新的位置通知给主数据库。然后从数据库会接收从那个时刻起发生的任何更新，锁住并等到主数据库通知新的更新。读写分离就是基于主从复制架构，主库有多个从库，主库主要负责写，写完后主库会自动把数据同步给从库。

另外，在数据库层，我们同样可以把用户模块、订单模块、商品模块等所涉及的数据库表（用户模块表、订单模块表、商品模块表等）分别存放到不同数据库中，如用户模块库、订单模块库、商品模块库等。然后把不同数据库分别部署到不同服务器中。

整体系统架构如图 2-5 所示。

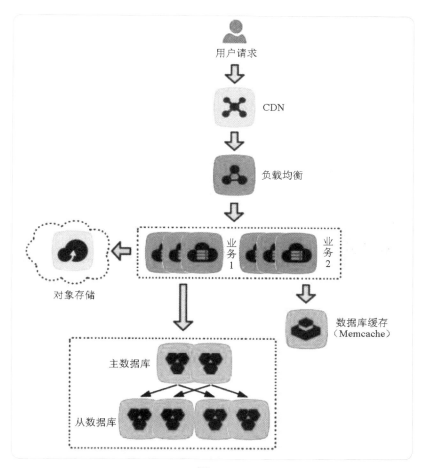

图 2-5

2.3 高并发解决方案之秒杀

高并发（High Concurrency）是互联网分布式系统架构设计中必须考虑的因素之一，它通常是指通过设计保证系统能够同时并行处理很多请求。

高并发常用的一些指标有响应时间（Response Time）、每秒查询率（Query Per Second，QPS）、并发用户数等。

- 响应时间：系统对请求做出响应的时间。例如系统处理一个 HTTP 请求需要 200ms，这个 200ms 就是系统的响应时间。

- 每秒查询率：每秒响应请求数。在互联网领域，这个指标和吞吐量区分得不是很明显。

- 并发用户数：同时承载正常使用系统功能的用户数量。

秒杀场景一般会在电商网站举行一些活动或者节假日在 12306 网站上抢票时遇到。对于一些稀缺或者特价商品，电商网站一般会在约定时间点对其进行限量销售，因为这些商品的特殊性，会吸引大量用户前来抢购，并且会在约定的时间点同时在秒杀页面进行抢购。这种场景就是非常有特点的高并发场景，如果不对流量进行合理管控，肆意放任大流量冲击系统，那么将导致一系列的问题出现，比如一些可用的连接资源被耗尽、分布式缓存的容量被撑爆、数据库吞吐量降低，最终必然会导致系统产生雪崩效应。

如果只追求高可用性，这其实并不难实现，试想如果一年只有一个人访问你的系统，只要这个人访问成功，那么你的系统的可用性就是 100% 了。可现实情况是，随着业务的发展，请求量会越来越高，进而各种系统资源得以激活，潜在风险也会慢慢地暴露出来。因此，做系统的难点之一便是：如何在高并发的条件下，保证系统的高可用性。

举一个例子，我们生活中常见的一个场景：排队购物。收银员就是我们的服务，每一个在队列中的顾客都是一个请求。我们的本质诉求是让尽可能多的人都在合理的等待时间内完成消费。如何做到这一点呢？其一是提高收银员的处理速度，他们处理得越快，单位时间内就能服务更多的顾客；其二是增加人手，一名收银员处理不过来，我们就雇佣 10 名收银员，10 名不够就雇佣 100 名（如果不计成本）；其三是减少访问人数，即分流过滤，将一些人提前过滤掉，或做活动预热（比如双十一预热），在高峰之前先满足一部分人的需求。

因此，想要高并发，通常采用扩容、动静分离、缓存、服务降级及限流 5 种手段来保护系统的稳定运行。

1. 扩容

由于单台服务器的处理能力有限，因此当一台服务器的处理能力接近或已超出其容量上限时，采用集群技术对服务器进行扩容可以很好地提升系统整体的并行处理能力。集群是一组相互独立的、通过高速网络互联的计算机，它们构成了一个组，并以单一系统的模式加以管理。一个客户与集群相互作用时，集群像是一个独立的服务器。在集群环境中，服务器节点的数量越多，系统的并行能力和容错性就越强。从扩容的角度来讲，分为垂直扩容（Scale Up）和水平扩容（Scale Out）。垂直扩容就是增加单机处理能力，怼硬件，不停地升级硬件的运算能力，但硬件能力毕竟是有限的，怼过了头可能会"灰飞烟灭"；水平扩容就是增加机器数量，怼机器，但随着机器数量的增加，单应用并发能力并不一定与其呈现线性关系，此时就可能需要进行应用服务化拆分了。

2. 动静分离

动静分离是指静态页面与动态页面分开，使用不同系统访问的架构设计方法。项目中需要访问的图片、声音等静态资源需要有独立的存放位置，便于将来实现静态请求分离时直接剥离出来。静态页面访问路径短，访问速度快，只要几毫秒。动态页面访问路径长，访问速度相对较慢（数据库的访问、网络传输、业务逻辑计算），需要几十毫秒甚至几百毫秒，对架构扩展性的要求更高。用户对静态数据的访问，应该避免请求直接落到企业的数据中心，而是应该通过 CDN 技术，在企业数据中心以外的边缘节点中获取，这样就能降低企业数据中心服务器的压力，以加速系统的响应速度。

3. 缓存

缓存之所以能够提高处理速度，是因为不同设备的访问速度存在差异。比如 DDR 内存寻址时间是 6ns 左右（1ms=1 000 000ns），而一般的 7200 转的机械硬盘寻址时间是 1/7200 ≈ 0.14ms，内存和机械硬盘差了 4 个数量级。固态硬盘以主流的 OCZ Vertex2 为例，读取 220MB/s，写入 200MB/s，存取时间为 0.01ms。对于一般 7200 转的机械硬盘来说，读取 110MB/s，写入 90MB/s，存取时间为 14ms。缓存的目的是提升系统访问速度和增大系统能处理的容量，可谓是高并发流量的银弹。比如后端代码和数据库之间的交互会降低相应的速度，所以我们可以采用数据库缓存技术（Memcache 或 Redis）来解决高速读取的问题。活动秒杀页面是一个标准的高并发场景，到了搞活动的那个时刻，单页面的访问量是天量数据，但这种系统有个特点是逻辑简单，只要带宽和性能足够，就一定能提供稳定的服务。服务能迅速返回数据即可，没有什么计算逻辑，这种高并发系统的设计基本上就是在压榨机器的 IO 性能，有 CDN 绝对使用 CDN，能在本机读取的绝不从网络获取，能读取到内存中绝不放在硬盘上，把系统的磁盘 IO 和网络 IO 的能力都尽可能地压榨出来。一般来说，我们在大规模访问、大并发流量下都会使用分布式缓存，即将廉价机器部署在同一个子网内，形成多机器集群，然后通过负载均衡以及一定的路由规则进行读请求的分流，将请求映射到对应的缓存服务器上。

4. 限流

在讨论为什么需要限流之前，我们先聊一聊生活中那些随处可见的限流场景。例如上下班高峰期，大量的人群涌入地铁站，会造成严重拥堵，原本从站厅到站台只需花费 5 分钟左右的时间，在限流管制下却要花费 30 分钟或更久才能顺利进入站台。但是如果所有的人全部涌入站台，那么会造成更多的人无法上车，所以采取了限流管制之后，可以让人们通过地面和站厅层的双重排队等待减轻站台的压力，保证每一位乘客最终都能顺利上车。

在电商系统的秒杀中，也会存在大批量用户同时涌入的情况，鉴于只有少部分用户能够秒杀成功，所以要限制大部分流量，只允许少部分流量进入服务后端。限流可以采用限制服务器的连接等待数量以及等待时间来实现，每次只放行少量用户，让更多的用户处于假排队的状态。通过对并发访问和请求进行限速，或者对一个时间窗口内的请求进行限速来保护系统的可用性，一旦达到限制速率就可以拒绝服务（友好定向到错误页面或告知资源没有了），只能排队或者继续等待。我们可以通过压测的手段找到每个系统的处理峰值，然后通过设定峰值阈值，防止当系统过载时，通过拒绝处理过载的请求来保障系统的可用性，同时也应该根据系统的吞吐量、响应时间、可用率来动态调整限流阈值。

5. 服务降级

什么是服务降级？在服务器压力剧增的情况下，根据实际业务情况及流量，对一些服务和页面有策略地不处理或换种简单的方式处理，从而释放服务器资源，以保证核心交易正常运作或高效运作。

如果还是不理解，可以举个例子：假如目前有很多人想要给我付钱，但我的服务器除了正在运行支付的服务之外，还有一些其他的服务在运行，比如搜索、定时任务和详情等。然而这些不重要的服务占用了机器的不少内存与 CPU 资源，为了能把钱都收下来（钱才是目标），我设计了一个动态开关，把这些不重要的服务直接在最外层拒掉，这样处理后，后端处理收钱的服务就有更多的资源来收钱了（收钱速度更快了），这就是一个简单的服务降级的使用场景。

服务降级主要用于这样的情形：当架构整体的负载超出了预设的上限阈值或即将到来的流量预计将会超过预设的阈值时，为了保证重要或基本的服务能正常运行，我们可以将一些不重要或不紧急的服务或任务进行服务的延迟使用或暂停使用。当我们去秒杀或者抢购一些限购商品时，可能会因为访问量太大而导致系统崩溃，此时开发者会使用限流来限制访问量，当达到限流阈值时，后续请求会被降级。降级后的处理方案可以是：排队页面（将用户导流到排队页面等一会重试）、无货（直接告知用户没货了）、错误页面（如提示活动太火爆了，稍后重试）。

第 3 章
基因测序的云原生之路

2013 年，安吉丽娜·茱莉在她的书《我的医疗选择》中声称，在她的基因检测中，确定带遗传缺陷基因 BRCA1，患乳腺癌和卵巢癌的概率是 87% 和 50%。2013 年和 2015 年，她分别做了乳腺和卵巢、输卵管切除。

谢尔盖·布林是 Google 的创始人之一，他通过基因检测确认自己的基因携带着与母亲同样的 LRRK2 突变基因，携带这种基因使人患帕金森氏综合征的概率被提升到 30%~75%，通过对概率差异的了解，结合自身情况，布林将自己可能患上帕金森氏综合征的概率锁定在50%~55%。鉴于基因检测报告显示出的问题，他开始改变自己的生活方式，每天坚持锻炼和饮用绿茶，通过饮食和锻炼，他把自己的患病率降低了一半。

基因是遗传信息的基本单位，它就像一个个密码，只要能够破译出来，就能查出隐患，预知疾病。事实上，通过基因检测，遗传病已经不是什么新鲜事，甚至乳腺癌患者的生存率因为基因检测和靶向药物的问世 5 年提升到了 85% 以上。基因测序是一种新型基因检测技术，能够从血液或唾液中分析和测定基因全序列，预测罹患多种疾病的可能性，如癌症或白血病。基因测序工程给 IT 系统带来的巨大挑战一般人可能想象不到，基因测序工程需要非常庞大的计算和存储资源，云计算技术可以助力基因企业构建核心 IT 能力。

3.1 什么是基因

3.1.1 遗传因子

讲到基因，不得不提到奥地利帝国生物学家孟德尔（现代遗传学之父）超越时代的天才假设"遗传因子"，基因简单地说就是生命的遗传因子，后人把"遗传因子"改名叫基因。

孟德尔种植豌豆实验的故事在中学生物课本中有。孟德尔曾经将纯种的黄色豌豆和纯种的绿色豌豆杂交，得到杂种第一代豌豆，再用杂种第一代豌豆自交，产生杂交第二代豌豆，孟德尔发现第一代豌豆全是黄色的，第二代豌豆有黄色的，也有绿色的，但黄色豌豆和绿色豌豆的比是一个常数。孟德尔经过分析以后，使用遗传学理论解释这个现象，生物的性状（性状是生物体所表现出来的特征，有的是形态结构特征，比如豌豆种子的颜色、形状）都是通过遗传因子（基因）来传递控制的。当控制某种性状的一对基因都是显性的或一个是显性的、另一个是隐性的时，生物体表现出显性基因控制的性状；当控制某种性状的基因都是隐性的时，隐性基因控制的性状才会表现出来。

孟德尔使用纯种黄色豌豆与纯种绿色豌豆杂交来做实验，第一代全是黄色的，说明黄色是显性性状，绿色是隐性性状。纯种黄色豌豆的基因是 YY，纯种绿色豌豆的基因是 yy，子一代的基因型是 Yy。再用杂种第一代豌豆自交，得到子二代豌豆，基因型有 3 种，分别是 YY、Yy、yy，遗传图解如图 3-1 所示。表现型有两种：黄色和绿色，黄色占 75%，绿色占 25%，即第二代豌豆是绿色的概率为 25%。

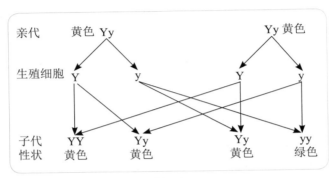

图 3-1

生活中还有类似现象，如图 3-2 所示的遗传图解，单双眼皮由父母基因决定，双眼皮是绝对的显性遗传，而单眼皮则属于隐性遗传，如果父母双方都是单眼皮，则孩子一般也应该是单眼皮。如果父母双方都是双眼皮，一般来说，孩子也应该是双眼皮，但偶尔也会出现单眼皮。也就是说，父母双方尽管都是双眼皮，但都带有单眼皮的遗传因子，当双方所带有的单眼皮遗传因子结成一对后，孩子也就成为单眼皮了。

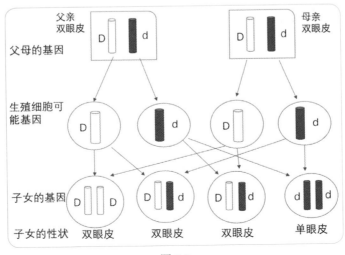

图 3-2

后世的许多生物学家用无数的动植物做实验，无数次验证了孟德尔豌豆的遗传法则，例如豚鼠的毛色、人类的一些外貌特征等。这都验证了孟德尔的发现确实是"定律"而非"理论"。人类开始意识到，有一种"遗传因子"在控制着生命的特性。所以在接下来的 100 年中，科学家们都在寻找这个"遗传因子"的秘密。

3.1.2 染色体

孟德尔发现了基因的遗传定律，基因—性状对应起来，性状是由基因遗传决定的。但基因的物质承载基础还没有被找到。美国生物学家摩尔根在 1909 年以实验结果证实，遗传因子真的存在于染色体上，并且实验表明，一条染色体上可以有多个遗传因子。同时，科学家们开始把遗传因子命名为基因。

染色体是细胞核中载有遗传信息（基因）的物质，在显微镜下呈圆柱状或杆状，主要由 DNA 和蛋白质组成，如图 3-3 所示。在细胞发生有丝分裂时期容易被碱性染料（例如龙胆紫和醋酸洋红）着色，因此而得名。基因在染色体上，染色体是基因的载体，就如同芝麻糖上的芝麻。

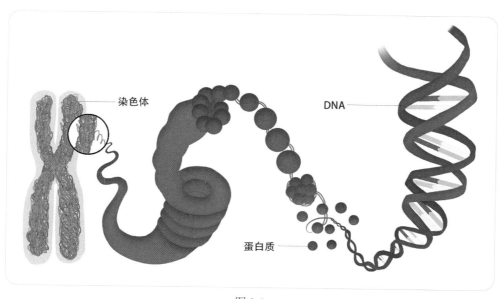

图 3-3

基因位于染色体上，每一条染色体上都有许多不同的基因，它们分别控制不同的性状。一条染色体上可以有成千上万个基因。细胞内所有染色体称为染色体组，保持染色体组的完整性对于任何生物来说都是最为重要的。基因可以缺失，在很多情况下并不致死，但染色体既不能多又不能少，仅仅某条染色体的一小部分缺失，往往也是致命的，因为你已经丢掉了成百上千个基因。

3.1.3 DNA

关键的遗传物质是DNA（Deoxyribo Nucleic Acid, 脱氧核糖核酸）还是蛋白质呢？1944年，艾弗里肺炎双球菌转化实验将这个谜底揭晓了，该实验的关键是将DNA和蛋白质等一一分开，单独观察它们各自的作用，即从S型活细菌中提取DNA、蛋白质等物质，分别加入培养R型细菌的培养基中，发现有R型细菌转化为S型细菌，并最终证明DNA是遗传物质。实验表明，亲代的各种性状是通过DNA遗传给后代的DNA，而非蛋白质。

DNA主要存在于细胞核中，和蛋白质一起构成染色体，DNA是生物体内重要的遗传物质，然而那个时候，我们对于DNA的结构以及它如何在生命活动中发挥作用还不甚了解。

1953年，美国分子生物学家詹姆斯·沃森和英国物理学家佛朗西斯·克里克根据威尔金斯和富兰克林所进行的X射线衍射分析，提出了著名的DNA双螺旋结构模型，如图3-4所示。每个DNA分子含有两条长链，这两条长链具有一定的空间结构，这个结构就是两条长链形成的像麻花一样的螺旋，因为有两条，所以叫双螺旋。

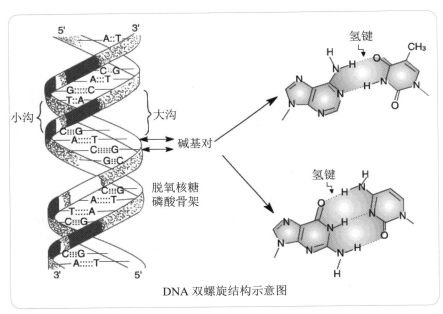

DNA双螺旋结构示意图

图3-4

每个长长的DNA是由两条链组成的双螺旋结构，在外形上像一个螺旋形的梯子，两条长链的脱氧核糖之间由碱基相互连接构成梯子的横桥。碱基主要有4种，分别是A（Adenine，腺嘌呤）、G（Guanine，鸟嘌呤）、C（Cytosine，胞嘧啶）、T（Thymine，胸腺嘧啶）。奇妙的是这4种碱基的配对有着严格的法则，A只能与T配对，G只能与C配对。

在很长的DNA分子中，这种A-T、G-C、T-A、C-G的不同排列（称为DNA序列）就构成了千变万化的遗传信息。可以简单地说，DNA用T、C、G、A四个碱基来编码生命，不同的碱基对顺序代表了能够影响生物不同的特性。之前科学家发现马兜铃酸之所以致癌（马兜铃酸是世界卫生组织国际癌症研究机构公布的一类致癌物，一般存在于中草药上），是因为它能够紧密结合在 DNA 上，导致在细胞复制的时候出错，容易把 T 变成 A，A 变成 T，从而让整个生命的解读完全错误。

人体约有 30 亿个碱基对构成整个染色体系统，而且在生殖细胞形成前的互换和组合是随机的，所以世界上没有任何两个人具有完全相同的组成序列，这就是人的遗传多态性。尽管存在遗传多态性，但每一个人的染色体必然只能来自其父母，这就是 DNA 亲子鉴定的理论基础。

3.1.4 基因

DNA 是由无数碱基对组成的双螺旋，不同的碱基对顺序代表了能够影响生物不同的特性。人体内的 DNA 有很多，但并不是所有的信息都会表达出来，实际上，能表达的信息很少，或者我们说有效的片段很少。我们把最终表达出来的，或者说有效的片段称为基因。我们知道生物体的形状、大小、结构以及细胞内的生物化学反应都和蛋白质有关，基因就是通过指导蛋白质的合成来表达自己所携带的遗传密码，从而控制生物个体的性状表现的。

虽然 DNA 储存遗传密码，但不直接用于蛋白质合成，DNA 在细胞核内，而蛋白质在细胞核外。这种指导蛋白质合成的过程是怎么进行的呢？科学家推断肯定有一种可以传递密码的东西，能从细胞核里面跑到细胞核外面。这个信使也就是 RNA（Ribonucleic Acid，核糖核酸），而且 RNA 是一个单链结构。如图 3-5 所示，遗传信息从 DNA 传递给 RNA，再从 RNA 传递给蛋白质，即可完成遗传信息的转录和翻译的过程。DNA 是遗传信息的携带分子，RNA 传递和加工遗传信息，而蛋白质是生物性状和功能的执行者。

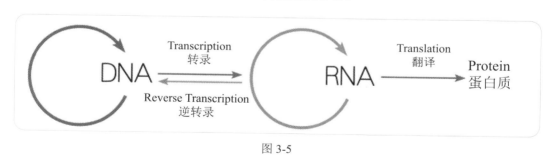

图 3-5

RNA 的碱基主要有 4 种，即 A（腺嘌呤）、G（鸟嘌呤）、C（胞嘧啶）、U（尿嘧啶），其中 U（尿嘧啶）取代了 DNA 中的 T（胸腺嘧啶）。RNA 使用与 DNA 相同的 3 个碱基对：C（胞嘧啶）、G（鸟嘌呤）、A（腺嘌呤）。最神奇的就是 RNA 翻译为蛋白质的过程。科学家证实 3 个编码为一组，可以对应一种氨基酸，用来控制蛋白质的种类。遗传学上把决定一种氨基酸的 3 个相连的碱基叫作一个"密码子"，也称为三联体密码。构成 RNA 的碱基有 4 种，每 3 个碱基决定一个氨基酸。从理论上分析碱基的组合，有 64（4 的 3 次方）种，64 种碱基的组合即 64 种密码子。通过密码子表获知，所有生物共用一套密码子，每种氨基酸可对应一种或多种密码子，而每种密码子只决定一种氨基酸，共有 64 种密码子，这个密码表就是上帝的密码表了。

如果换个角度看这个密码表，你会发现三联体组成的 64 个排列顺序和伏羲八卦中的 64 卦图排列顺序相吻合，如图 3-6 所示。

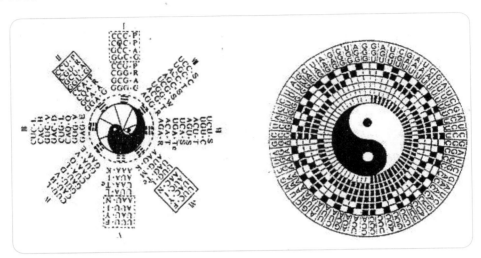

图 3-6

好了，知道了基因就是神奇的密码，接下来破解这个密码，首先要得到 DNA 的具体序列。于是工作重点就到了如何测定每种生物的 DNA 序列。

3.2 基因是怎么测序的

3.2.1 第一代测序技术（桑格测序）

最早的 DNA 测序技术是由英国生物化学家弗雷德里克·桑格（Frederick Sanger）于 1975 年发明的桑格法测序技术，八十年代开始被普遍使用，"人类基因组计划"的技术基础之一就是这个测序方法。

我们已经知道遗传的信息就隐藏在 DNA 的序列中，DNA 测序就是指分析特定 DNA 片段的碱基序列，也就是腺嘌呤（A）、胸腺嘧啶（T）、胞嘧啶（C）与鸟嘌呤（G）的排列方式。如果将人类的基因组计划图谱比喻为世界地图，那么一条染色体就相当于一个国家。以中国为例，其中的一个基因就相当于天安门广场或故宫。要弄清 30 亿个核苷酸的排列顺序，就相当于把地球上每个人的身份都弄清楚。"人类基因组计划"揭示了生命的奥秘，使人类在分子水平上第一次全面地认识自我。这是由 30 亿个碱基组成的生命天书，人类基因组的 30 多亿个字母将写满 1000 本厚约 1000 页的书。如果每个碱基长 1 厘米，这些字母总长将达到 30000 千米，相当于北京到纽约的来回距离。

简单地理解桑格测序是这样的：DNA 由一块块颜色各异的积木（脱氧核糖核酸）组成，每块积木手拉手形成一条长链，桑格则在积木拼接过程中混入只有一只手的积木，长链就会在此中断，从而得知长链中每个位置分别是什么样的积木，也就是 DNA 的序列。

桑格就是巧妙地利用了 DNA 复制机理来测定序列的，也许不必知道这么详细，只需要知道它是一种准确但低效且昂贵的方法即可。在二十世纪八十年代，桑格法 DNA 测序就成为每个生物化学实验室，尤其是分子生物学实验室必备的技术。那时，测定一个基因（长度中值约 30kb）的全序列需要一个博士生花费一年甚至几年的时间。要测定拥有 30 亿碱基对的人类基因组，并获取基于数以千计人类个体基因组多态性的遗传学数据，无疑需要至少每年几十万人到几百万人的工作量。

大名鼎鼎的"人类基因组计划"始于 1990 年，便是用桑格测序一点点摸清人的 DNA，它最终耗时 13 年，花费 30 亿美元才初步完成人类的全基因测序。

当第一个人类基因组被完全解读后，科学界的普遍共识是迫切需要新的技术革命。因为完全测定一个人的基因组真的需要花费上亿美元，而我们需要的是在未来以较低的成本、用最短的时间和最高的效率来最准确地测定每个人的基因组。人类基因组计划是继曼哈顿原子计划、阿波罗登月计划之后的第三大科学计划，被誉为"达尔文以后意义最为重大的生物学发现"。它标志着人类探索生命奥秘的进程和生物技术的发展进入一个崭新的时期。

3.2.2 第二代测序技术

人类基因组计划测序完成之后，整理数据与公布结果又花费了 5 年时间。但就在这 5 年间，另一种基因测序方法进入了产业，它被称作第二代基因测序（Next-Generation Sequencing，NGS）。

因为不同的人与人之间的基因序列只有不到 1% 的差异。如果我们已经有了一份完整的人类基因图谱，那么其他人的基因序列都差不多，所以就出现了鸟枪法测序的思路。

鸟枪一般是指滑膛的霰弹猎枪。早期的猎枪一般都是简单地把火药和铁砂之类混装，点火后火药与碎铁砂（霰弹）一起喷出。现代步枪都是线膛单弹头，打击点是精准的，而霰弹枪打出去会是一片，杀伤范围大，但是打击点具有随机性。该方法的思路独特，好像树林里停了一大群鸟，很多人乱枪射击，在很短的时间内，就可以将林子中的大部分鸟打中。

所谓鸟枪法测序，这是一种形象的说法，就好比你拿一把霰弹枪去"打"大分子 DNA，喷出去的霰弹会随机地攻击 DNA 的不同地方，从而导致大分子 DNA 被随机地"敲碎"成许多小片段，然后测定每个小片段序列，最终利用计算机对这些切片进行排序和组装，根据重叠区计算机将小片段整合出大分子 DNA 序列。

可以将目标先拆分成小粒度，然后分段得出结果，最后合并结果。这就好比是并行计算，直接导致的结果就是测序性能大大提升。经过不断地进行技术开发和改进，第二代测序技术诞生了。

第二代测序技术在大幅提高测序速度的同时，还大大地降低了测序成本，并且保持了高准确性，以前完成一个人类基因组的测序需要 3 年时间，而使用二代测序技术只需要 1 周，但其序列读长方面比起第一代测序技术要短很多，大多只有 100~150bp。二代测序技术最大的价值在于它极大地降低了测序的成本，因此基因测序技术普及并开始进入普通消费者的视野。而二代测序技术中，属 Illumina 公司的测序仪市场占有率最高，处于绝对的控制地位。

读长以字节（bp）为单位，而 DNA 是以染色体为单位存在的，染色体的长度以百万 bp 计，人类最小的 Y 染色体也有 60MB。完整的基因图谱要靠无数短读长拼接组成，第二代测序技术大部分时间都要花在拼接上。由于是通过序列的重叠区域进行拼接的，因此有些序列可能被测了好多次，也会造成一些信息的丢失，且有概率会引入错配碱基。因此，第三代测序技术就这样诞生了。

3.2.3 第三代测序技术

第二代测序技术的优点是成本大大降低，因为只有变成白菜价，才能真正对大众有意义，但它的缺点是会在一定程度上增加测序的错误率，并且具有系统偏向性，同时读长也比较短。

第三代测序技术其实是对第二代测序技术的一个升级，简单来说就是它同样一次能测好多序列，平均读长达到了 3 000bp（3kb），而最高读长甚至达到了 40 000bp（40kb），并且解决了信息的丢失，以及碱基错配的问题。但目前来说，第三代测序技术依然有一定的缺陷，第三代测序技术依赖 DNA 聚合酶的活性，DNA 聚合酶是实现超长读长的关键之一，读长主要跟酶的活性保持有关，它主要受激光对其造成的损伤所影响。第三代测序技术的测序速度很快，但是其测序错误率比较高，好在它的出错是随机的，并不会像第二代测序技术那样存在测序错误的偏向，因而可以通过多次测序来进行有效的纠错（代价是重复测序，也就是成本会增加）。

目前测序市场还是以第二代测序技术为主。每一代测序技术都是为了解决上一代测序技术的短板，但是也产生了一些别的缺陷，但是随着技术的进步，这些问题最终都会被解决。

3.3 云计算与基因测序

3.3.1 测序重组的计算

当前使用最普遍的是第二代测序技术。从测序原理可以知道，整个过程就是先把目标打碎，然后重新拼接还原的过程。市场上有几家 NGS 测序仪公司，它们的技术路线略有不同，但大致的原理是接近的。步骤如下：

步骤01 先把基因组复制一批，然后打成一堆碎片（想象一下，一个分子"搅拌机"），每个碎片可能有几十到几百个碱基序列，这个长度称为读长（bp），然后需要对这些碎片做一些简单的处理，准备送进测序仪检测。

步骤02 对这些碎片分别进行测序，当然，一次可以同时测非常多个序列，看看测序仪巨头 Illumina 官网上列出的指标，最高级的测序仪每次可以采集 30 亿个碎片。

步骤03 把这些碎片的信息进行对比和拼接。比如一个碎片的后 20 位序列与另一个碎片的前 20 位序列一致，我们就可以推测它们可能是接在一起的，但参与对比分析的可能是几亿、几十亿个小碎片文件。

看到上面这个过程，你大概就懂了，从步骤 02 之后，都是计算机的工作，而不是测序仪。不论各家技术路线如何，第二代基因测序技术都要依赖大量数据的采集、对比与拼接。

很显然，我们必须找到足够多的重叠片段，这意味着我们不可能只拿一套 DNA 就打碎拼接，必须要求一定的重复性（Overlapping）才能找到重叠的序列段，并防止找不到合适的碎片产生的断链，如图 3-7 所示。重叠的序列越多，NGS 测序的结果也就越准确，这个重叠程度被称为深度。深度越大，数据量就越大，而且比对的复杂性会呈平方级地增长。

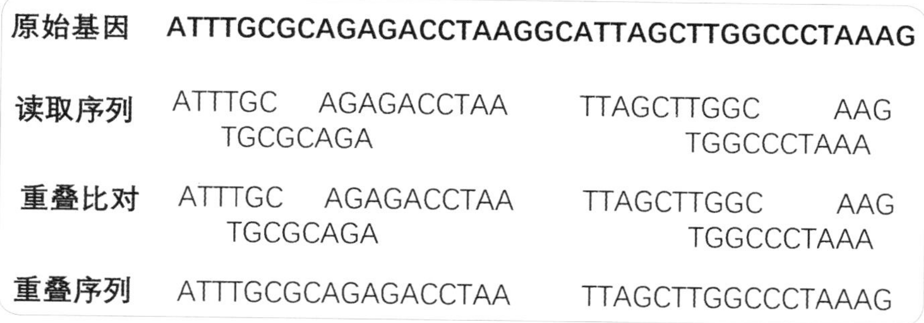

原始基因	ATTTGCGCAGAGACCTAAGGCATTAGCTTGGCCCTAAAG	
读取序列	ATTTGC AGAGACCTAA TGCGCAGA	TTAGCTTGGC AAG TGGCCCTAAA
重叠比对	ATTTGC AGAGACCTAA TGCGCAGA	TTAGCTTGGC AAG TGGCCCTAAA
重叠序列	ATTTGCGCAGAGACCTAA	TTAGCTTGGCCCTAAAG

图 3-7

以上整个过程好比给你一座堆满了拼图碎片的大山，让你拼一幅图出来。这个工作量非常巨大。现在重点来了，还原整个拼图的过程，就是使用计算机和各种算法开始各种运算。对于当前基因测序情况的总结就是：利用各种软件进行各种运算来处理海量的基因数据。我们能处理更多数据，基因测序才能成为我们面对新病毒时快速响应的工具箱，成为癌症精准治疗的关键技术。

3.3.2 传统的计算方法

一个人的基因组大约包括 30 亿个碱基对，就是 3GB 的数据，而如果考虑到准确测序所

41

需的深度/覆盖倍数，比如30倍就能取得相当准确的测序数据，那么一个人的基因组数据量将达到100GB左右；在中间运算过程中，还会变大到600GB左右，还有大量的运算工作，如比对重复片段、排除偶然错误等。所以每个基因测序都是一个极其消耗计算资源的过程。随着基因测序技术的普及，这个测序业务量也是逐年增长的。

为了运行如此大规模的计算存储过程，基因公司通常会购置一批高性能的CPU服务器，用行业内流行的网格计算系统（SGE）组建成集群，搭配以共享文件存储系统，就可以开始进行数据分析计算了。这里网格计算系统是一个集群资源管理调度软件。网格计算系统接受由用户提交的计算任务，并根据资源管理策略将任务安排在集群（计算资源的集合）内适当的节点上执行。用户可以一次提交数千个任务，而不必考虑它们在何处运行。

目前，基因测序在持续发展落地的过程中存在以下6个方面的痛点：

（1）无论是直接购买物理机还是自建HPC集群，成本都是非常高的。在前期测序业务还没有开展时，就需要投入大量资金进行设备采购维护，无疑提高了一个测序公司的风险成本。

（2）由于测序业务量本身是存在波动的，这会导致服务器的数量不能很好地控制。测序业务一般为项目型，存在峰谷之分，峰值资源需求较大，本地资源不足以支持，若服务器不足，则无法满足业务高峰时的测序任务，低谷时资源又会闲置浪费。在这种情况下，基因公司需要的是能够按需使用的资源，需要的时候可以及时拿到大量算力，不需要的时候可以立刻释放，不再付出成本。

（3）基因测序行业PB级别数据存储包含规划、分配、回收、归档等过程，这些过程对数据管理员要求非常高，造成运维成本高。

（4）随着测序成本呈现超摩尔定律的下降，测序需求与规模也呈指数级增长，对资源的需求也随之暴涨，同时新兴的第三代测序技术借助读长优势，可以很好地覆盖第二代测序技术的不足，已成为重要的技术趋势，但它对基础设施的算力要求也是传统测序的百倍。

（5）基因分析普遍采用专用集群方式，存在测序环境与软件耦合、版本迭代困难和集群资源利用率低的问题。

（6）最后一个就是运维成本。一个以测序业务作为主要发展方向的公司，却需要投入大量人力去维护计算环境，包括软件的安装与升级、故障的定位、环境的恢复等，这些都无疑增大了运营成本。

3.3.3 云计算的方法

随着云计算技术的进步，目前公有云平台已经可以为测序公司提供大规模且极易扩展的数据计算分析能力。而云计算带给测序厂商的不仅是随时可以扩展或者随时可以销毁的资源，还减少了厂商对于前期硬件设备的投入，以及计算环境日益增长的运维成本。

基于基因测序企业对计算能力和海量存储的需求，云计算平台将两种需求紧密结合，提供高密度的计算能力和高性能、高可靠、低时延、低成本的海量存储系统，大幅降低成本，真正做到为企业客户降本增效。

具体来说，有如下 4 点：

（1）云计算平台通过复用空闲资源来低成本地提供大量算力，同时集成了负载均衡等功能，让算力供应变得稳定、可靠。面对基因计算中动辄成百上千的计算核实请求，弹性计算平台都能够从容应对，匹配基因测序流程中海量数据分析对计算资源的高性能需求。

（2）云计算平台还可以打通从测序仪到云端存储的数据传输通道，测序仪得到的基因组数据可以直接存储在云上，从而实现本地计算能力和云端计算能力的整合，利用云计算的弹性迅速完成客户的计算任务，让企业可以将更多精力投入业务能力上来。

（3）云平台能够提供海量的数据存储，且存储的格式多样，一般的云平台能支持文件存储、对象存储，根据数据类型还能支持冷存储（或叫归档存储）。对于 PB 级的数据，冷存储能减少很多客户成本。

（4）海量数据从测序仪上下机之后，需要在不同地域、不同企业机构之间进行数据传输。为了保证基因测序的海量数据高效地进行传输，云计算平台提供专线接入，包括电信、联通、移动、教育、BGP 等网络服务，享受低延迟和高带宽，保证海量基因数据的稳定传输。云平台本身的网络隔离、数据加密等安全机制可以保证数据的安全性。

3.3.4 容器技术助力基因测序

随着以 Docker 为代表的容器技术的崛起和普及，这种轻量级虚拟化技术迅速席卷全球，为传统软件的安装部署带来了革命性的变革。Docker 容器技术使得应用程序可以在几乎任何地方以相同的方式运行。

Docker 的思想来自集装箱（在第 1 章中已经讲过了，可以再复习一下），集装箱解决了什么问题？在一艘大船上，可以把货物规整地摆放起来，并且各种各样的货物被集装箱标准化了，集装箱和集装箱之间不会互相影响。我们不需要专门运送水果的船和专门运送化学品的船，只要这些货物在集装箱里封装得好好的，我们就可以用一艘大船把它们都运走。Docker 就是类似的理念。现在都流行云计算了，云计算就好比大货轮，Docker 就是集装箱。

不同的应用程序可能会有不同的应用环境，比如用编程语言 A 开发的网站和用编程语言 B 开发的网站依赖的软件就不一样，如果把它们依赖的软件都安装在一个服务器上，就要调试很久，而且很麻烦，还会造成一些冲突，比如访问端口冲突。Docker 可以实现隔离应用环境的功能。

如果你开发软件的时候用的是 A 系统，但是运维管理用的是 B 系统，运维人员在把你的软件从开发环境转移到生产环境的时候，就会遇到一些 A 系统转 B 系统的问题，比如有一个特殊版本的数据库，只有 A 系统支持，B 系统不支持，在转移的过程中运维人员就得想办法解决这样的问题。这时要是使用 Docker，就可以把开发环境直接封装转移给运维人员，运维人员直接部署你给他的 Docker 就可以了，而且部署速度很快。

由于 Docker 容器技术的优点，它作为基因分析计算的标准已逐步成为一种共识，基因测序与容器注定是天生的一对，这绝对不是夸张，原因如下：

第一，在基因测序的过程中，如果前期调试流程出现错误，将会导致软件配置改变或者环境异常，这样就必须重新搭建和恢复环境，同时，软件的分发和更新成本也很高。而通过 Docker 镜像便捷分发、一次构建、随处可运行的机制，使得本地验证调试非常简便。环境的切换对 Docker 程序无影响，从而可以保证运行环境的一致性以及数据处理结果的可重复性，而这对于解决基因测序的调试问题有非常大的帮助。开发人员在自己的笔记本上创建并测试好的容器，无须任何修改就能够在生产系统的虚拟机、物理服务器或公有云主机上运行。

第二，在基因测序领域，数据处理流程复杂，单步骤就存在多种软件可选，单软件也有多个版本可选。而在传统虚拟机中运行基因测序相关软件，不仅需要安装多种软件，还需要考虑软件版本间的兼容性、同一软件多实例间的竞争影响等因素。这对于缺乏专业 IT 人才的基因测序企业来说是一大痛苦。容器使软件具备了超强的可移植能力，它可以很好地解决测序软件的各种版本运行在各种环境下的问题。比如，同一个机器上同时运行两个不同版本的软件，这在传统的模型中是不具备的，这就给基因测序构建复杂业务场景提供了便捷性。因为环境如果损坏，可以通过容器技术轻松地恢复。同时，整个测序结果也可以很方便地重现。计算过程的可复现在科研领域是非常重要的。在传统模型下，由于各种指定版本的软件安装，加上拥有复杂依赖关系的业务流程，要重现一个科研结果是很困难的事情。

第三，按照传统的基因测序方法，单样本数据处理一般在单机上完成，所以目前普遍使用高规格机器来执行 Pipeline 流程。但这样的话，多机并发能力就会不足，如单独开发任务调度框架，门槛成本高，收益也不明显。同时单机上多任务并发能力也受限，无法很好地满载利用计算资源。但如果采用容器技术，单机上就可以同时运行多个 Docker 容器，这使得多个任务可以同时在一个机器上执行，这样就会最大化利用计算资源。

基因测序行业有着最好的发展机遇，但也面临着巨大的挑战，这个挑战就是如何做到测序更快、分析更快，更重要的是技术创新更快，通过结合云计算、容器、5G 等技术将为行业带来全新的动力。只有这样，企业才能在竞争中脱颖而出，整个行业也能适应精准医疗的发展速度，以科技造福未来。

3.4 基因测序 + 区块链

目前基因测序行业所面临的问题除了基因点与病因之间的确切关系受制于当前医学发展程度之外，还存在个人基因信息保护、检测机构的权威性、国家以及公众的监管等问题。而区块链技术为这个问题提供了解决方案。

区块链技术应用到基因测序行业是否有可行性呢？答案是：有。

设想如下：

（1）基因测序技术在未来必定是大众级的健康消费，如此庞大的个人基因数据的安全问题是一个挑战。可以设想这样一个区块链医疗平台：所有合法合规的基因测序仪及其背后的医疗机构作为区块链网络中的节点，当个人在某台设备上进行基因测序时，所得的数据由本人的数字签名进行加密上链，在需要进行基因分析时，由本人亲自确定释放信息。如此可以保障个人信息不被他人掌握。

（2）测序仪及其机构上链，接受大众及国家的监管，更具权威性。

（3）所有信息上链，不可篡改，实现数据确权。同时，个人拥有自己的数据使用权，可以很方便地在不同机构之间使用自己已经测得的数据，减少反复检测的麻烦。

（4）优胜劣汰。在共识机制下，这些医疗健康机构会减少作恶，因为数据在我们自己手里，它们只能靠提高服务水平和质量来吸引消费者。

（5）关于通证。利用一个基因数据共享和分析平台，消费者可以出售自己的基因组数据来换取代币，这些代币可换取其他加密货币，如比特币。提供医疗服务的机构也可以获得代币补偿，后期想要入驻这个系统的机构，要购买代币才能上链。这样可以激励更多的人进行测序，将为科学家提供更多的基因组学信息，以便于将遗传变异与疾病联系起来。

揭示基因生命密码的意义不亚于对宇宙的探索，甚至有说法称，读懂了基因就能读懂宇宙。区块链作为去中心化的大规模分布式数据库，加上海量的计算能力，将成为工业化基因测序所需的技术基础。区块链测序将突破每天进行几百个测序任务的瓶颈，最终让我们实现几十亿的测序需求，惠及全球民众。未来，我们甚至可以对所有动物、植物、病毒、癌症等对象进行测序，解决各种潜在的问题。

第4章
云游戏：从游戏云化到云原生

在云计算产业的整体快速发展中，不仅教育、办公、医疗等领域获得了快速增长，在线娱乐领域也获得了难得的增长契机。尤其是此前一直进展缓慢的云游戏，直接被按下了加速键，国内外科技巨头蜂拥而至，让云游戏这个热度早已消退的冷灶持续快速升温。

游戏行业已经进入存量市场阶段，在移动游戏红利已经被攫取殆尽之际，游戏巨头们迫切需要找到一个新的增量市场，云游戏的崛起正好迎合了这一需求。因而，尽管云游戏行业仍处于发展初期，当前却持续吸引国内外各类企业投入这一赛道。

随着云计算、5G等技术的逐渐成熟，云游戏将迎来爆发期，电影《头号玩家》中的场景将在不久的未来成为现实。

4.1　云游戏介绍

4.1.1　什么是云游戏

云游戏简单来说就是把游戏放在云端服务器运行，并将渲染完毕后的游戏画面压缩后通过网络传送给用户，同时传输用户的操作。我们平时玩的游戏都需要先将游戏客户端安装包下载到终端，才能开始玩，虽然现在网速已经很快了，但是完整下载一个游戏客户端也需要好几分钟时间，安装后会发觉十几吉字节甚至更多的硬盘空间没有了。而云游戏不需要下载完整的游戏客户端，可以即点即玩。

云游戏整体架构如图4-1所示，具体可理解为远程超强服务器中拥有众多的虚拟计算机，玩家可在其中一台计算机中进行游戏，游戏的画面与声音通过网络传输至终端（PC、移动终端、机顶盒等），玩家可通过输入设备（鼠标、键盘、手柄等）对游戏进行实时操作。

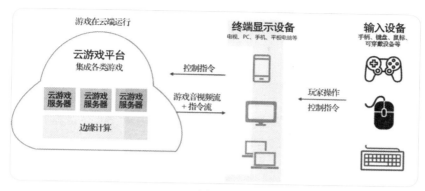

图 4-1

　　云游戏时代的到来将会使玩家即便没有高配置的游戏硬件系统，也能畅玩高质量的 3A 大作，无须下载，只需连接网络，便可进行游戏。尽管业内对于什么是 3A 大作游戏并没有清晰的定义，但一般认为除了需要满足高质量、高销量、高开发预算这"三高"条件之外，还需要具备高度的视觉与听觉效果、艺术与技术完美结合、出众的上手性、自始至终愉悦地体验等多个条件，如《堡垒之夜》《刺客信条：奥德赛》《巫师 3》等都是公认的 3A 级游戏。3A 级游戏对玩家的设备提出了很高的要求，仅以游戏《最终幻想 15》为例，若玩家想要达到最佳的游戏感受，需要配备一张价格近万的显卡，这个门槛显然比较高，而云游戏成为一种可能的解决方案。

　　云游戏本质为交互的在线视频流，游戏在云端服务器上运行，将渲染完毕的画面或指令压缩，再通过网络传送给用户。云游戏的出现成功打破了传统大型游戏与手机游戏的局限性，并融合了两者的优势，终极目标是让用户获得随时随地在各类移动设备上尽享大型 3A 游戏的畅快体验。

　　类似于视频行业历经"线下买碟播放→互联网下载本地播放→在线直接播放"的过程，云游戏意味着游戏行业将经历"买游戏光盘→互联网下载本地运行→云端直接运行"的过程。由于云游戏时代的计算主要在云端，可以充分利用云端的算力，用户端不需要承载更多的运算，只需要播放，因此用户终端可以更轻量。而随着 5G 的发展，传递速度和带宽的稳定性会大大提高，这就能满足从云端高速、稳定、低延迟地传输游戏画面内容到用户终端。我们可以收到 2K、4K、8K 的视频，同样也可以收到 VR 虚拟现实、AR 增强的画面，云游戏的用户终端可以是手机，也可以是 Oculus、Vive 这样的头显设备，或者是一个 3D 眼镜。

　　国内外各类巨头之所以对云游戏如此热衷，除了看重其中的增长机会外，当然还有其他更深层次的谋划。在 5G 等新一代通信技术的加持下，云游戏不仅有机会成为游戏行业的超级风口，更有可能撬动关联产业生态的焕新变革。

　　云游戏本身最鲜明的特性就是可以打破硬件限制。游戏本身运行在云端，可以在主机、PC、手机、电视等任何终端呈现和交互。这将会给游戏产业带来根本性的变化，引导游戏的研发创新，乃至玩家的体验和消费方式实现全面革新。

4.1.2 云游戏的应用场景

云游戏解除了传统游戏方式中游戏本身对终端设备的系统软件、硬件等能力要求的限制，可以轻松地在 PC、手机、平板电脑等终端进行接入，其常见的应用场景如图 4-2 所示。

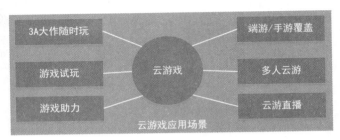

图 4-2

1. 3A 大作随时玩

3A 游戏的安装与运行全部在云端边缘计算节点中进行，终端只需要实现简单的网络数据包接受、渲染与交互，并不需要发烧级的硬件配置来支持，一台普通的能支持高清视频播放的手机、平板与 TV 等终端设备就可以玩 3A 游戏。

2. 端游 / 手游覆盖

云游戏淡化了端游 / 手游的概念，我们通过虚拟机 VM 及容器技术将端游与手游部署运行在云端边缘节点上，玩家通过我们提供的多终端 SDK，就可以通过网页、客户端 App 等接入方式，在手机、平板电脑、电视等支撑的终端上玩 PC 游戏或者手机游戏。

虚拟机（Virtual Machine，VM）是指通过软件模拟的、具有完整硬件系统功能的、运行在一个完全隔离环境中的完整计算机系统，通俗地说，虚拟机是用软件虚拟一个可以独立使用的计算机主机硬件环境出来供用户玩。而容器是一种沙盒技术，主要目的是将应用运行在其中，与外界隔离，以及方便这个沙盒被转移到其他宿主机器。通俗点理解就是一个安装应用软件的箱子，箱子里面有软件运行所需的依赖库和配置，开发人员可以把这个箱子搬到任何机器上，且不影响里面软件的运行。

3. 游戏试玩

云游戏的试玩跳过了传统游戏的下载、安装等步骤，玩家看到游戏的相关广告时，可以不用下载，点开广告即可试玩，同时提升了广告的转化率，改变了游戏行业的广告投放形态。云游戏还有着易于更新、互动性强的特点，方便游戏厂商在游戏中植入广告。

4. 多人云游

独乐乐不如众乐乐，云游戏打破了传统的多人同屏游戏限制，跨越了空间，在任何地方都可以随时邀请好友多人一起玩游戏。

5. 游戏助力

游戏不能通关怎么办？云游戏提供了游戏助力功能，可以将你正在玩的游戏实时授权给其他玩家来操作，替你通关。

6. 云游直播

云游戏支持游戏分享、游戏观战，可以将游戏的内容实时直播出去。由于云游戏可以被视为具有交互性的视频流，直播与云游戏存在天然的协同效应。观看直播的用户可以选择第一人称或者第三人称观看，还可以随时加入游戏同主播进行互动。一方面，用户通过直播就能获得游戏体验，即点即玩的特性能进一步提升转化率；另一方面，较好的观看体验能增加用户黏性，还能为直播平台吸引新用户，直播用户数仍存在较大的发展空间。云游戏能帮助直播平台挖掘发展空间，直播平台自然也乐于与游戏厂商联合运营，推广游戏。

对云游戏来说，用户主要会关心延迟问题，玩一个对抗性很强的游戏，如果中间卡个几百毫秒，那么肯定受不了，游戏体验就会非常差。所以我们的核心关注点是，要把延迟降低到最小，并且把画质保持在一个相对可以接受的程度。这个实时效果是如何做到的呢？这就要靠云游戏的实时图像渲染技术。它将终端通过鼠标、键盘等设备输入的指令快速传到服务器的云端程序，并且执行该指令，再将执行结果以视频画面流的方式传到终端界面解码显示，整个过程延迟很低，让用户感觉是在操作自己计算机上的程序一样，不会有卡顿。

云游戏的实时图像渲染技术也可以用在其他领域，包括数字孪生（简单形容就是把现实世界中的一个物理事物用软件建模的形式数字化，包括静态的属性和动态的数据）、智慧城市、云桌面、云化应用等。

如图 4-3 所示，"云上南头古城"小程序线上沉浸式体验云游古城，古城超精细 3D 模型不止包含街道及两侧建筑立面，甚至包括建筑内部，再加上真实的渲染效果，模糊了虚拟与现实，真正突破了时空限制。

图 4-3

厉害的是，不论我们如何自由切换视角或实景漫游，如此复杂庞大的场景始终在小程序中流畅运行，对用户终端的要求不高，无须高性能的硬件配置支持。这是如何做到的呢？秘诀就是使用云游戏的实时图像渲染技术，让应用运行在云端边缘计算节点中，就可以实现让用户在小程序上云端体验南头古城 3D 应用。

还有云手机的应用，顾名思义，即把手机上所有的应用都转移到云端，原本需要手机终端提供的计算、存储等能力，都改由云端的服务器来提供。用户手里设备的好坏第一次变得不那么重要了。对于云手机最重要的应用场景游戏领域来说，产业对于云游戏的热情已在熊熊燃烧。

云游戏解决方案将会探索更多应用场景的可能，并为融合现实与虚拟世界，打造"元宇宙"而持续贡献力量。

4.1.3 云游戏的优势

下面总结一下云游戏的优势。

第一，随着 3A 游戏逐渐发展，画质、剧情等水平逐渐提升，随之而来的是对计算机配置要求的水涨船高，高昂的硬件购置成本将许多潜在的游戏用户拒之门外。若用户选择云游戏，则无须考虑计算机配置的问题，只需具备视频解码功能即可流畅运行大型游戏。玩家只需支付一部分费用即可在配置落后的计算机上体验高品质的游戏。

第二，云游戏能使用户做到即点即玩。由于现在 3A 大作普遍都在 10GB 以上，更有甚者可达数百吉字节，游戏玩家为了玩一款游戏，需要为此付出较大的时间成本，带来较大的不便，而云游戏将游戏及游戏数据放在平台的服务器中，用户不需要下载庞大的安装包，免去了下载的烦恼，真正做到即点即玩，这能够有效地刺激用户去接触新游戏。

第三，在云游戏模式下，玩家还可以"多端无缝切换"。玩家在不同的设备上随意切换畅玩，游戏进程也不会中断。因为游戏进程存储在云端，以后玩家在家用计算机上玩游戏，出门以后能用手机继续。试想，一个玩家可以在计算机前、电视前、手机上，随时随地不间断地进行游戏终端切换，多么令人激动。例如玩家可以在计算机前玩着游戏，参与紧张刺激的团队战斗，面临出门也不用中断战局，打开手机通过云游戏进入游戏继续鏖战；也可以在手机上玩着游戏，回到家里打开电视大屏幕，用手机当作虚拟遥控操作，体验更震撼的游戏画面氛围。

此外，云游戏能够减少外挂、脚本等，最大限度保证游戏的公平性。最近网上很流行这样一句话："贩卖焦虑感，收的是智商税；贩卖安全感，收的是保护费。"对于广大普通玩家来说，最能提供安全感的服务并不是稳定的网速带宽和不卡的服务器，而是没有外挂。在传统游戏模式下，游戏运行在终端，用户可以通过下载外挂、修改器、脚本等方式来获得不合理的优势，这给其他游戏玩家带来了很大的困扰。云游戏能够贩卖给玩家的最大安全感莫过于对外挂、盗号和非法工作室的控制空前提升，因为云游戏摆脱了客户端的约束，游戏在云端服务器运行, 没有了客户端就杜绝了这些问题产生的绝大部分土壤, 杜绝游戏外挂等作弊手段, 游戏内的公平性得到了一定改善, 提高了用户的游戏体验。

4.1.4 云游戏的初体验

在计算机上玩游戏要考虑什么呢? 当然要考虑当前计算机的配置能不能流畅地玩想玩的游戏, 还得考虑存储空间够不够, 因为现在的大型游戏的"块头"都很大。此外, 还要考虑平台问题, 比如 Mac 系统玩不了许多 Windows 系统专属游戏。怎么解决这些问题呢? 目前有一个很好的解决方案, 那就是云游戏。

它玩起来到底怎么样? 一起来体验一下吧。启动浏览器输入网址 start.qq.com, 如图 4-4 所示, 我们体验的 START 云游戏是跨终端的云游戏平台, S 用户可通过 START 云游戏在电视、手机、计算机等设备随时运行大型游戏, 采用领先的云游戏技术, 无须下载游戏, 众多主机大作一点就玩。

图 4-4

START 云游戏上线了 TV 版, 旨在为用户带来更好的大屏游戏体验。同时, START 还对外公布了平台认证的电视产品列表, 适用于 TCL、海信、长虹、SONY 等电视, 在获得认证的电视中, 其游戏操作延迟可稳定在 120ms 以内。如图 4-5 所示, 玩家只需要连接游戏手柄, 即可在 START 认证的智能电视上体验正版授权的单主机游戏。不用买专业的手柄, 应该是任何一个能连电视的手柄就可以玩。

在笔者这台普通办公用的笔记本电脑上下载 START 云游戏平台的 Windows 客户端体验云游戏, 并使用 QQ 账号登录, 如图 4-6 所示, 这款云游戏平台能够为玩家提供原神、DNF、英雄联盟、QQ 飞车、仙剑奇侠传 7、NBA2K Online 等一系列非常有意思的游戏作品, 用户无须对游戏进行下载即可体验。

图 4-5

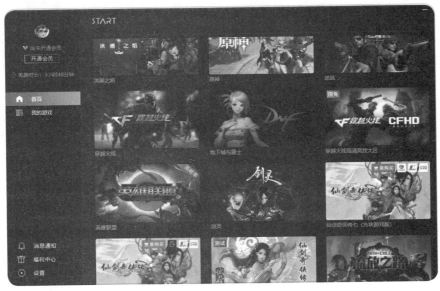

图 4-6

　　笔者这里玩篮球游戏《NBA2K Online》，云游戏的优势在于打破玩家常规游玩场景和机器要求的限制，只要有支持的平台和网络就能畅玩。对于像《NBA2K Online2》容量达25GB、有一定规格配置的 PC 大作，这个 START 云游戏版本的出现显然大大降低了玩家的上手门槛，真正可以实现即点即玩，如图 4-7 所示，单击界面右下角的"启动游戏"按钮即可开始。

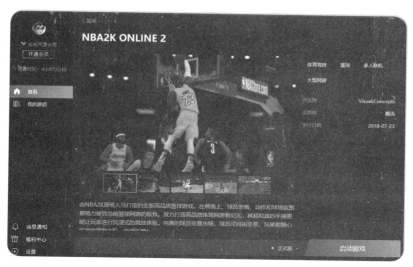

图 4-7

笔者玩了一局，总体感觉跟计算机本地版的游戏没多大区别，按键延时很小，游戏画面也是不错的。如图 4-8 所示，在云游戏模式下，用户可以看到右下角默认有延迟和码率显示。延迟是当前计算机跟服务器的延迟，码率是画面的质量。

图 4-8

START 云游戏平台已开始采用收费模式，如图 4-9 所示，在购买会员后，用户可享受不限时长、排队优先、跨端同享、专属福利等权益，在付费套餐中，其年费会员原价为 449 元，现价为 251 元，半年会员原价为 249 元，现价为 149 元，月卡原价为 49 元，现价为 25 元。其中首次支付年费还将赠送蓝牙手柄，可在 TV、PC、移动端通用。

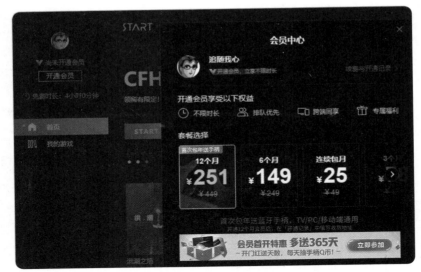

图 4-9

4.2 云游戏的典型特征

4.2.1 游戏资源云化

此处的游戏资源是指游戏运行过程中需要用到的资源文件,包括场景、人物、动画和音频等资源。

如图 4-10 所示,在云游戏中,这些资源均存储在云端,只需要将游戏下载到云服务器上存储并运行即可。而端游、手游和主机游戏则将这些资源存储在游戏客户端本地,需要先下载一个游戏客户端并安装到本地硬盘中再运行,游戏的各种资源均在本地完成加载。页游(运行在浏览器上的网页游戏)虽然看起来无须下载客户端,但实际上游戏资源需要在打开网页时加载到本地。

平　台	游戏类型	游戏资源（包括场景、人物、动画、音频等）
PC	端游	本地
	页游	无须安装客户端,打开网页即可进行游戏。但游戏所需的资源和逻辑仍需要提前加载到本地
移动端	手游	本地
游戏主机	主机游戏	本地
	云游戏	云端

图 4-10

4.2.2 运行过程云化

游戏运行过程是指游戏的逻辑计算和画面渲染等必要的步骤。从云游戏的原理看，终端只需要进行简单的解码输出和上传玩家操作指令，这里的终端不限于 PC、笔记本、平板电脑、手机、电视盒子等设备，因此云游戏大幅减少了对终端性能的要求，只需要具备一定的解码能力。

传统模式下高品质游戏配置费用高昂，限制用户规模扩大。如端游、主机游戏和手游均是在本地运行游戏的各项逻辑计算和画面渲染，游戏运行速度和画面效果取决于本地计算机的硬件配置。

如图 4-11 所示，之前某款游戏极致画质需要酷睿 i7、16GB 内存、RTX2070 显卡，最低配置也需要酷睿 i3、4GB 内存、GT610 显卡，PC 客户端近 80GB。而云游戏客户端大小仅二十多兆字节，号称无论计算机配置高低，皆可畅享"电影级画质"。

图 4-11

再以某个假设场景为例，比如笔者春节回老家过年却没带笔记本电脑，但实在想玩《魔兽世界》（或任意一款大体量的游戏大作），只能跑很远的路去县城的网吧玩。而如果有云游戏服务的话，那么笔者只需要掏出手机就能完成一些简单的日常任务，即便是"开荒"团队副本或者"下战场"这种高难度操作，也可以借助老家的低配置计算机来完成。

这是因为云游戏不需要玩家面前的这个终端来运行游戏、接发数据，无论是手机还是计算机，主要扮演的都是显示器的角色，游戏从头到尾的运行、计算和保存等流程都在云平台上完成。

4.2.3 游戏内容跨平台

由于云游戏的资源存储在云端，其运行过程也在云端，因此云游戏基本上实现了与客户端的解耦。云游戏对终端设备的内存大小和处理器性能等资源要求比较低。在云游戏生态下，即使是在性能配置低端的"瘦客户端"中，也可以畅玩大型 3A 游戏。用户可以使用不同的移动终端，例如笔记本电脑、平板电脑、手机等；不同的操作系统，例如 Linux、Windows、Android、iOS、Chrome OS 等。尤其是对原生云游戏内容而言，其游戏内容的跨平台性提高了游戏开发的效率，提升了游戏的呈现质量，同时也降低了开发的成本。

4.2.4 计算和网络强依赖

在云游戏模式下，游戏在云端存储、运行和渲染，然后以压缩视频流的方式通过高速网络传输至终端上运行，因此云游戏对云基础资源的计算能力、网络带宽提出了更高的要求。

根据运行游戏的云平台的计算架构来分类，云游戏可以分为 X86 架构和 ARM 架构两大类。X86 架构的云平台主要用于 PC 端游戏，如采用 Intel 的 X86 服务器和 NVIDIA 的专业级显卡，应用类型为大型的 Windows 游戏（端游）。另外，随着手游快速崛起，也有采用在 X86 上安装 X86-Android 虚拟机来模拟基于 ARM 的 Android 游戏。ARM 架构的云平台则主要用于 Android 手游的云化，原生 ARM 框架使得从云到端运行着同一套指令集，Android 应用运行无须 X86 模拟器指令集翻译，云端无缝连接免去了多重指令翻译和转换的环节，运行性能较 X86 模拟器架构方案提升了很多。

随着 FPS（First Person Shooting，第一人称射击）、MOBA（Multiplayer Online Battle Arena，多人在线战术竞技）类竞技游戏在全球盛行，典型的游戏有《绝地求生》《CS GO》《英雄联盟》等，云游戏也必须达到竞技类游戏的标准，主流画质分辨率为 1080P，帧率至少为 144FPS（Frames Per Second，每秒传输帧数）。这两类游戏的云化对网络的带宽、时延、抖动带来了严格要求，特别是低时延。在已有 4G 和 Wi-Fi 下，尤其对操作响应延迟有较高要求的游戏，和本地游戏在体验上仍有差距。但通过 5G 的物理实现、网络升级和软件优化等多重技术，可大幅提升传输速率，降低延迟。

4.2.5 平台化管理

云游戏的运行和运营管理都集中在云端，这对规范云游戏的生态发展有诸多好处。从游戏玩家的角度来看，云游戏可以利用云端 ID 识别等技术，杜绝外挂等影响游戏公平性的操作；从政府监管的角度来看，云游戏可在云端审查游戏的整体内容，有利于简化审批工作并加强监管；从知识产权的角度来看，云游戏可使用数字版权保护（Digital Rights Management，DRM）机制，提供更加有效的数字版权保护；从社会责任的角度来看，云游戏更有利于未成年人游戏防沉迷工作的推进。

4.3 云游戏的商业模式

4.3.1 云游戏市场的高增长

中国云游戏市场的收入规模和用户规模预计将保持较高的增长率，原因有以下几点：

1）在硬件方面受限的端游玩家转向云游戏

由于游戏的画质逐渐改善，内容逐渐丰富，游戏对于运行的计算机配置要求全方位提高，包括硬盘、显卡、CPU 等，硬件配置抑制了玩家对于高品质游戏的需求，一旦这些高品质游戏云化，将吸引一批受困于硬件不足的潜在玩家进入端游，从而带来云游戏的新用户。

2）主机游戏云化将带来用户增量

过去受限于主机游戏设备价格昂贵以及 2000 — 2013 年的游戏机设备禁令，没有培养用户的习惯，导致主机游戏在中国迟迟得不到发展。云游戏的到来一方面将解决主机游戏设备价格高昂的问题，解除硬件束缚；另一方面未来大量主机游戏将会登陆云游戏平台，使得玩家有机会接触主机游戏，并且只需通过云游戏平台与基本的外设，即可体验主机游戏，降低主机游戏的门槛。

3）视频软件的商业模式培养了用户为内容付费的习惯

视频软件的商业模式逐渐改变了用户的观念，从过去的免费看到现在的付费看，用户的习惯正在逐渐被改变，用户愿意为自己喜爱的内容去支付费用。此外，云游戏一方面让用户能够摆脱硬件困扰，接触高品质游戏，提高玩家的支付意愿；另一方面玩家可以将原先购买先进而昂贵的硬件的钱省下来转而为云游戏服务付费，甚至增加游戏内付费的比例和数额。

4.3.2 未来云游戏的商业模式

现阶段云游戏的商业模式主要有：订阅会员模式、时长模式、游戏内付费等。云游戏作为全新的产业，游戏研发商、云游戏服务器提供商与云游戏平台之间的分成方案未建立统一的标准，商业模式仍待进一步挖掘探索。当前云游戏市场仍处于起步阶段，云游戏平台主要通过上述 3 种模式向用户收取费用，再分成给云游戏服务器提供商和游戏研发商。现阶段主要以订阅会员制为主，通过每月支付一定的费用来获得云游戏的体验。

不同于页游、H5 游戏或者微信小游戏，真正意义上的云游戏在于给玩家提供高品质游戏的即时游玩。像微软现在就致力于以收购、合并和深度合作等方式囤积游戏内容，以及向其他平台积极寻求合作（比如任天堂），以扩大自己的云游戏库，让玩家更愿意舍得每个月多花钱订阅这项服务。

未来云游戏的商业模式将逐渐转向混合付费的模式。集成型云游戏平台的出现将带来订阅会员模式的崛起，同时辅以多元的游戏内付费，包括传统的网络游戏充值收入分成、单机游戏付费购买、游戏礼包售卖等。此外，还有广告收入，涵盖云游戏平台、游戏厂商，以及云游戏带来的直播观看体验的提升带来的直播平台收入的分成增加。未来云游戏的商业模式将比视频行业的商业模式更为丰富。

云游戏也会像爱奇艺的影视剧、腾讯的 NBA 转播等服务一样，想方设法引导用户充会员，并插入各种广告、打赏和订阅等附加服务。玩家享受更便利的一站式服务，以及更廉价的硬件终端，同时游戏的商业模式和平台界面也极有可能发生巨大改变。就如同网吧的所有游戏都由管理软件统一管理，玩家每次在网吧开机、启动游戏都会接受各种弹窗广告的信息推送——游戏菜单里是清一色的买量游戏推荐，打开"吃鸡"游戏还有加速器的广告，甚至回到桌面还能看到其他类型的推销（比如电商、医院和贷款平台等）。

对于游戏网吧来说，可以直接把网吧的业务模式转移到线上，网吧线下的无盘前置机房 + 本地 GPU 主机方案会升级为无主机云游戏方案。云游戏的特点是对网吧行业很好的补充，可以大大降低网吧一次性的固定成本投入，原来需要批量买一批高性能的主机，现在只需要按需按月租用云服务（甚至按量计费）。这样以后开网吧就变成轻资产的业务了。也就是说，网吧行业将是未来云游戏的最大受益方之一，广大网吧老板会从无尽的"硬件军备战"中解脱出来，进而能将更多的资金投入其他方面，比如餐饮、装修或会员福利等。而玩家则会获得进一步解放，不用被大型游戏锁死在特定场景，特别是端游也能在手机上实现一些简单操作，不用担心过一个长假不上线就会被拉开很大差距。

4.4 云游戏的挑战和未来

云游戏构想提出的初衷就是降低玩家的硬件投入成本，用带宽换算力，从而尽可能提高潜在玩家的转化率。云游戏本身的技术架构并不复杂，但它的实现需要通信技术、计算架构（云计算、边缘计算）、音视频解码算法的共同配合。

传统方法无法普遍解决云游戏延迟问题。如图 4-12 所示，和本地游戏相比，额外增加的延迟主要来自网络、编码、解码、客户端渲染，即主要取决于网络和视频这两块。抗网络的抖动能力和编解码效率是云游戏的两大挑战。这两块也是云游戏体验的主要核心竞争力。

另外，边缘计算能够有效解决云游戏时延、算力、带宽等问题，说明如下：

首先，边缘计算能有效降低云游戏的延迟。云游戏要达到良好的即时游戏体验，服务器机房离用户越近越好，延迟时间才可控。边缘计算是将云计算的一部分能力从机房中迁移到网络接入边缘，从而创造出一个具备高性能、低延迟与高带宽的电信级服务环境，并且这个服务环境贴近用户，距离越近，延迟时间越短。

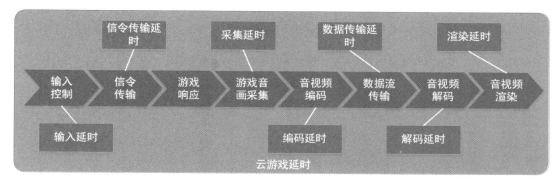

图 4-12

其次，边缘计算能够节约算力和带宽资源。边缘计算根据用户的实际使用情况进行统一的调度和管理，将其计算能力在多个节点之间迁移，快速转移计算能力，进行弹性伸缩，进而满足用户的密集需求，也能在一定程度上节约带宽资源。

最后，云游戏不像视频能够缓冲下载，要达到良好的即时游戏体验，服务器机房离用户越近越好，这样延迟时间才可控。边缘计算是一种新的网络架构，其基本思路是将云计算的一部分能力从机房中迁移到网络接入边缘，从而创造出一个具备高性能、低延迟与高带宽的电信级服务环境，让玩家享有不间断的高质量网络体验。

如果要给云游戏未来的发展趋势一个概念上的定义（或者猜想），那么首先应该是原生云游戏的诞生，由盗版游戏的野蛮生长、端游手游的简单"云化"过渡至精品的原生云游戏，甚至实现百万人同服，更宏大的游戏世界将不再只是电影里的场景。其次，未来游戏将由传统的通用计算型服务器转向定制化专用的云游戏服务器，而云计算将成为未来游戏的基础设施。讲到这里，就不得不提 5G。话说 5G 虽然是新技术，但好像已经被大家"讲"老了，不过这里还是要提一提。预计至 2023 年，我国将有 9.13 亿部活跃智能手机支持 5G，进一步扩展全球最大的 5G 网络，5G 网络的延迟更低、带宽更高，同时连接设备数更多，这些在改善移动网络连接下云游戏的体验时都将发挥重要作用。云游戏即点即玩的特点将会融入各个场景，包括直播、信息流、短视频、广告场景无缝结合等，势必会创造更多的新玩法，这些都需要 5G 新基建的支持。

中国云游戏市场增速显著高于全球平均增速，中国将成为最具潜力的云游戏先行市场之一。一定程度上，云游戏可能是元宇宙的一个早期状态。元宇宙用虚实结合的技术把生活和工作的日常场景都搬到了线上，对终端、算力和存储的要求比现在的游戏高几个数量级。目前终端的瓶颈不足以支持更高精度、更高品质游戏的开发和运行，未来云游戏的开发和设计工作应该一开始就从上云的角度来思考，技术解决方案要基于云原生的要求来设计。

从基础设施角度来说，云游戏会带来超大规模的开放世界、超高清的渲染、万人同屏、真实丰富的 AI 互动、高速低延迟网络等特点，这些特点会对弹性扩展的算力、内容生产方式等提出更高要求，将会为元宇宙进一步打破技术壁垒。

第5章
聊聊大数据的云原生

在信息传播极其迅速的今天，各种数据渗透着我们的生活，它们以指数级的速度增长，数据爆炸将我们带入大数据时代。大数据开始蔓延到社会的各行各业，从而影响着我们的学习、工作、生活以及社会的发展，因此大数据的相关研究受到中央和地方政府、各大科研机构和各类企业的高度关注。

最早提出"大数据时代到来"的是全球顶级管理咨询公司麦肯锡。麦肯锡宣称："数据已经渗透到当今每一个行业和业务职能领域，成为重要的生产因素。人们对于海量数据的挖掘和运用，预示着新一波生产率增长和消费者盈余浪潮的到来。"

而真正把大数据推向公众视野的是牛津大学的教授维克托，他潜心研究大数据 10 年，成为最早洞见大数据时代发展趋势的科学家之一，他的《大数据时代》专著是国际大数据研究的先河之作。维克托思维的深邃之处在于，他明确指出了大数据时代处理数据理念上的三大转变：要全体不要抽样，要效率不要绝对精确，要相关不要因果。

5.1 大数据的定义

在贵阳国际大数据产业博览会暨全球大数据时代贵阳峰会（以下简称"数博会"）上，阿里巴巴董事局主席马云发表主题演讲。马云在数博会系统阐述了 DT（Data Technology，数据技术）时代的特点，DT 时代把机器变成人，而这也将改变制造业的局面，释放更多企业的活力，"未来的制造业要的不是石油，它最大的能源是数据"。

凭智商做判断过时了，未来拼的是大数据，何为大数据呢？一般认为，大数据主要具有以下 4 个方面的典型特征：规模性（Volume）、多样性（Variety）、高速性（Velocity）和价值性（Value），即所谓的 4V。

大数据 4V 的特征：

（1）规模性：大数据具有相当的规模，其数据量非常巨大。淘宝网近 4 亿的会员每天产生的商品交易数据约 20TB，脸书（Facebook，现更名 Meta）约 10 亿的用户每天产生的日志数据超过 300TB。数据的数量级别可划分为 B、KB、MB、GB、TB、PB、EB、ZB 等，而数据是拍字节级别才能称得上是大数据。根据 IDC 公司的最新研究，未来 10 年，全球的数据总量将会增长 50 倍，而以此推算，数据产生的速度越来越快，而且数据总量将呈现指数型的爆炸式增长。

（2）多样性：大数据的数据类型呈现多样性，数据类型繁多，不仅包括结构化数据，还包括非结构化数据。结构化数据也称作行数据，是由二维表结构来逻辑表达和实现的数据，严格地遵循数据格式与长度规范，主要通过关系型数据库进行存储和管理。非结构化数据是数据结构不规则或不完整，没有预定义的数据模型，不方便用数据库二维逻辑表来表现的数据，包括所有格式的办公文档、文本、图片、HTML、各类报表、图像和音频 / 视频信息等。传统的数据处理对象基本上都是结构化数据，结合到典型场景中更容易理解，比如企业 ERP、财务系统。然而，在现实中，非结构化数据是大量存在的，所以既要分析结构化数据，又要分析非结构化数据，才能满足人们对数据处理的要求。

（3）高速性：处理大数据的速度越来越快，处理时要求具有时效性。因为数据和信息更新速度非常快，信息的价值存在的时间非常短，必须要求在极短的时间内在海量规模的大数据中摒除无用的信息，来搜集具有价值和能够利用的信息。所以随着大数据时代的到来，搜集和提取具有价值的数据和信息必须要求高效性和短时性。

（4）价值性：从大数据的表面数据进行分析，进而得到大数据背后重要的有价值的信息，最后可以精确地理解数据背后所隐藏的现实意义。

大数据的价值密度的高低与数据总量的大小成反比。以视频为例，一部 1 小时的视频，在连续不间断的监控中，有用的数据可能仅有一二秒。如何通过强大的机器算法更迅速地完成数据的价值"提纯"，成为目前大数据背景下亟待解决的难题。

5.2 数据将成为资产

长期以来，困扰企业最大的难题就是"如何更加了解他的客户"。传统企业衰落的根本原因在于难以贴近消费者，难以了解消费者的真正需求。互联网公司的强项恰恰是天然地贴近消费者，了解消费者。企业需要花大力气，真正研究消费者的数据，这样才能了解消费者，才能将数据资产化，将数据变现。

创建"如家"经济型连锁酒店的创始人季琦也是因为数据变现的。携程网的一位网友在网上发了个帖子，抱怨说在携程上预订宾馆的价格有点小贵。这引起了季琦的注意，他对携程网上的订房数据情况做了分析，发现客房价格比较便宜的经济型连锁酒店卖得更好，经过深入的市场调研，季琦发现，相当数量的业务出差人员为企业中、低职位员工，出差补贴都有一定额度，通常一天吃住总额在二三百元上下；另外，假日期间，为数众多的散客旅游也偏向于选择价廉物美的居住场所，舒适享受退居次要地位，简洁干净成为首要条件。季琦马上抓住了这个创业机会，利用携程庞大的订房网络、运营能力，搞经济型酒店连锁经营。季琦创办了"如家"经济型连锁酒店，并很快保持高利润率，包括他后来离开"如家"创办"华住汉庭"，也都有不少大数据优化运营的影子。

今后企业的竞争将是拥有数据规模和活性的竞争，将是对数据解释和运用的竞争。最直接的例子来自阿里平台，尤其是曾经创下"巨大声誉"的阿里询盘指数。通常而言，买家在采购商品前会比较多家供应商的产品，反映到阿里巴巴网站统计数据中，就是查询点击的数量和购买点击的数量会保持一个相对的数值。统计历史上所有买家、卖家的询价和成交的数据，可以形成询盘指数和成交指数。这两个指数是强相关的。询盘指数是有前兆性的，前期询盘指数活跃，就会保证后期一定的成交量。2008年初，马云观察到询盘指数异乎寻常地下降，自然就可以推测未来成交量的萎缩，提前呼吁、帮助成千上万的中小制造商准备过冬粮，从而赢得了崇高的声誉。此外，淘宝数据魔方则是淘宝平台上的大数据应用方案。通过这一服务，商家可以了解淘宝平台上的行业宏观情况、自己品牌的市场状况、消费者的行为情况等，并可以据此做出经营决策。

可以说，拥有大量的数据并善加运用的公司，必将赢得未来！

5.3 大数据时代处理数据理念的改变

5.3.1 要全体不要抽样

在大数据时代，我们可以分析更多的数据，有时甚至可以处理和某个特别现象相关的所有数据，而不再依赖于随机采样。

传统的调查方式是抽样，抽取有限的样本进行统计，从而得出整体的趋势。之所以选择抽样而不是统计全部数据，只有一个原因，那就是全部数据的数量太多了，调查根本没法操作。抽样的核心原则就是随机性，不随机就不能反映整体趋势性。抽样随机性的道理谁都知道，但要做到随机性其实是很难的。例如，电视收视率调查要从不同阶层随机找被调查人，但高学历、高收入的大忙人普遍拒绝被调查，他们根本就不会为几个赠品而耽误时间，愿意接受调查的多是整天闲得无聊的低收入者，电视收视率的调查结果就可想而知。所以真正实现采样的随机性非常困难。一旦采样过程中存在任何偏见，分析结果就会相去甚远。

互联网电视普及后，大数据的采集带来了新手段，还以电视收视率调查为例，每一部电视正在收看什么节目的信息会毫无遗漏地发送到调查中心，因此，对全部数据进行统计分析，其结果会变得更加准确。

之前由于数据处理技术所限，我们没有能力使用更多的数据，因此我们就不会使用更多的数据。但是随着大数据处理技术的出现,数据量的限制正在逐渐消失,而且通过无限接近"样本＝总体"的方式来处理数据,我们会获得极大的好处。

5.3.2 要效率不要绝对精确

传统的数据分析思路是"宁缺勿滥",因为传统小数据分析的数据量本身并不大,任何一个错误数据都有可能对结果产生相对较大的负面影响,对错误数据必须花大精力去清除,这是小数据时代必须坚持的原则。

大数据时代的原则就变了,变成了要效率不要精确。并不是说精确不好,而是说这个注重效率和成本的时代,如果继续把排除错误数据作为重要工作,那么大数据分析就进行不下去了。

如果我们掌握的数据越来越全面,它已经不再只包括我们手头上一点点可怜的数据,而是包括与这些现象相关的大量甚至全部数据,我们就不再需要担心某个数据点对整套分析的不利影响。

举个例子,谷歌翻译之所以更好,并不是因为它拥有一个更好的算法机制,而是因为谷歌翻译增加了很多各种各样的数据。从谷歌翻译的例子来看,它之所以能够重复利用成千上万的数据,是因为它接受了有错误的数据。2006 年,谷歌发布的上万亿的语料库就来自互联网的一些废弃内容。这就是"训练集",可以正确地推算出英语词汇搭配在一起的可能性。虽然谷歌翻译的语料库的内容来自经过滤的网页内容,会包含一些不完整的句子、拼写错误、语法错误,况且它也没有详细的人工纠错后的注解,但是谷歌翻译的语料库是其他语料库的好几百万倍大,这样的优势完全压倒了缺点。

所以说在大数据时代,我们要能够容忍错误,大数据分析的目标在于预测,学会在瞬息万变的信息中掌握趋势,为下一刻的决策提供依据。

5.3.3 要相关不要因果

大数据时代最大的转变就是,放弃对因果关系的渴求,取而代之的是关注相关关系。相关关系的核心是量化两个数据值之间的数理关系。相关关系强是指当一个数据值增加时,另一个数据值很有可能也会随之增加。如果 A 和 B 经常一起发生,我们只需要注意到 B 发生了,就可以预测 A 也发生了。这有助于我们捕捉可能和 A 一起发生的事情,即使不能直接测量或观察到 A。只要知道"是什么",而不需要知道"为什么"。这是对千百年来人类思维惯例的颠覆。

例如,老张开了个包子铺,有时包子做少了不够卖,有时做多了没卖完,两头都是损失。老张琢磨着买包子的都是街坊,他们买包子是有规律的,例如老王只在周末买,因为闺女周末会来看他,而且闺女就爱吃包子。于是老张每卖一次就记一次账,谁在哪天买了几笼包子,并试图找出每个街坊买包子的规律。

数据虽然越记越多，但老张什么规律也没找出来，即使是老王也都没准，好几个周末都没来买，因为他闺女有事没来。有个人给老张支招，你不要记顾客，就记每天卖了多少笼就行，这个法子明显简单有效，很容易就看出了周末比平时会多卖两笼的规律。

这个例子虽然简单，却道出了大数据的一个重要特点：相关关系比因果关系更重要。周末与买包子人多就是相关关系，但为什么多呢？是因为老王闺女这样的周末来吃包子的人多，还是周末大家都不愿意做饭？对这些可能性不必探究，因为即使探究往往也搞不清楚，只要获得了周末买包子的人多，能正确地指导老张在周末时多包上两笼就行了。

我们理解世界不再需要建立在假设的基础上，不需要了解航空公司怎样给机票定价，也不需要知道超市的顾客的烹饪喜好。取而代之的是，我们可以对大数据进行相关关系分析，从而知道暑期飞机票价格在飙升，哪些食物是台风期间待在家里的人最想吃的。我们用数据驱动的大数据相关关系分析法取代基于假想的、易出错的方法。大数据的相关关系分析法更准确、更快，而且不易受偏见的影响。

要相关不要因果是大数据思维的重要变革，以前数据处理的目标更多的是追求对因果的寻找，人们总是习惯性地要找出一个原因，然后心里才能踏实，而这个原因是否是真实的，却往往是无法核实的，而虚假原因对面向未来的决策来说是有害无益的。承认很多事情是没有原因的，这是人类思维方式的一个重大进步。

5.4 数据如何处理并升级为智慧

数据的处理分为以下几个步骤，完成后才能获得智慧。

1. 数据的收集

首先得有数据，数据的收集有两个方式：第一个方式是拿，专业点的说法叫抓取或者爬取。就互联网网页的搜索引擎来讲，需要将整个互联网所有的网页都下载下来。这显然一台机器做不到，需要多台机器组成网络爬虫系统，每台机器下载一部分，同时工作，才能在有限的时间内将海量的网页下载完毕。第二个方式是推送，有很多终端可以帮我们收集数据。比如小米手环，可以将你每天跑步的数据、心跳的数据、睡眠的数据都上传到数据中心。

2. 数据的传输

一般会通过队列方式进行，因为数据量实在是太大了，数据必须经过处理才会有用。但系统处理不过来，只好排好队，慢慢处理。一台机器内存太小，里面的队列肯定会被大量的数据挤爆掉，于是就产生了基于硬盘的分布式队列，这样队列可以多台机器同时传输，无论数据量多大，只要队列足够多、管道足够粗，就能够撑得住。

3. 数据的存储

现在，数据就是金钱，掌握了数据就相当于掌握了金钱。要不然网站怎么知道你想买什么？就是因为它有你的历史交易数据，这个信息可不能给别人，十分宝贵，所以需要存储下来。对于大规模数据的存储，一台机器的文件系统肯定是放不下的，所以需要一个很大的分布式文件系统来做这件事情，即把多台机器的硬盘打成一块大的文件系统。

4. 数据的处理和分析

上面存储的数据是原始数据，原始数据多是杂乱无章的，有很多垃圾数据在里面，因而需要清洗和过滤，得到一些高质量的数据。对于高质量的数据，就可以进行分析，从而对数据进行分类，或者发现数据之间的相互关系，得到知识。比如，经典的沃尔玛超市啤酒和尿布的故事，就是通过对人们的购买数据进行分析，发现了男人一般买尿布的时候，会同时购买啤酒，这样就发现了啤酒和尿布之间的相互关系，获得知识，然后应用到实践中，将啤酒和尿布的柜台摆放得很近，从而获得了智慧。

对大量的数据进行分解、统计、汇总，一台机器肯定搞不定，处理到猴年马月也分析不完。于是就有了分布式计算的方法，将大量的数据分成小份，每台机器处理一小份，多台机器并行处理，很快就能处理完。

5. 对于数据的检索和挖掘

检索就是搜索，所谓"外事不决问 Google，内事不决问百度"。内外两大搜索引擎都是将分析后的数据放入搜索引擎，因此人们想寻找信息的时候，一搜就有了。

另外就是挖掘，仅搜索出来已经不能满足人们的需求了，还需要从信息中挖掘出相互的关系。比如财经搜索，当搜索某个公司的股票的时候，该公司的高管是不是也应该被挖掘出来呢？如果仅搜索出这个公司的股票，发现涨得特别好，于是你就去买了，其实其高管发了一个声明，对股票十分不利，第二天就跌了，这不坑害自己吗？所以通过各种算法挖掘数据中的关系，形成知识库，十分重要。

5.5 大数据时代的典型应用案例

5.5.1 塔吉特超市精准营销案例

美国明尼苏达州一家塔吉特超市门店被客户投诉，一位中年男子指控塔吉特将婴儿产品优惠券寄给他的女儿，她是一个高中生。但没过多久他却来电道歉，因为女儿经他逼问后坦承自己真的怀孕了。

原来孕妇对零售商来说是个含金量很高的顾客群体，塔吉特百货就是靠着分析用户所有的购物数据，然后通过相关关系分析得出事情的真实状况。在美国，出生记录是公开的，等孩子出生了，新生儿母亲就会被铺天盖地的产品优惠广告包围，那时候再行动就晚了，因此必须赶在孕妇怀孕前期就行动起来。塔吉特的顾客数据分析部门发现，怀孕的妇女一般在怀孕第三个月的时候会购买很多无香乳液。几个月后，她们会购买镁、钙、锌等营养补充剂。根据数据分析部门提供的模型，塔吉特制订了全新的广告营销方案，在孕期的每个阶段给客户寄送相应的优惠券。结果，孕期用品销售呈现出爆炸性的增长。塔吉特的销售额暴增，大数据的巨大威力轰动了全美。

这个案例说明大数据在精准营销上的成功，利用大数据技术分析客户的消费习惯，了解其消费需求，达到精准营销的目的。这种营销方式的关键在于对时机的把握，要正好在客户有相关需求时才进行营销活动的精准推送，这样才能保证较高的成功率。

5.5.2 "啤酒与尿布"的故事案例

二十世纪九十年代，在美国沃尔玛超市中，超市管理人员分析销售数据时发现了一个令人难以理解的现象：在某些特定的情况下，啤酒与尿布两件看上去毫无关系的商品会经常出现在同一个购物篮中，这种独特的销售现象引起了管理人员的注意，经过后续调查发现，这种现象出现在年轻的父亲身上。在美国有婴儿的家庭中，一般是母亲在家中照看婴儿，年轻的父亲去超市买尿布。父亲在购买尿布的同时，往往会顺便为自己购买啤酒。如果这个年轻的父亲在卖场只能买到两件商品之一，那么他很有可能会放弃购物而去另一家可以一次同时买到啤酒与尿布的商店。由此，沃尔玛发现了这一独特的现象，开始在卖场尝试将啤酒与尿布摆放在相同区域，让年轻的父亲可以同时找到这两件商品，没想到这个举措居然使尿布和啤酒的销量都大幅增加。如今，"啤酒与尿布"的数据分析成果早已成为大数据技术应用的经典案例，被人津津乐道。

"啤酒与尿布"故事的依据是商品之间的相关性（也称关联性，英文名称为Association Rule），商品相关性是指商品在卖场中不是孤立的，不同商品在销售中会形成相互影响关系（也称关联关系），比如"啤酒与尿布"的故事中，尿布会影响啤酒的销量。在卖场中，商品之间的关联关系比比皆是，比如咖啡的销量会影响咖啡伴侣、方糖的销量，牛奶的销量会影响面包的销量，等等。

这个案例能够有效预测零售商的需求，属于大数据企业级别的应用。啤酒与尿布这一看似可笑的现象之所以能被发现，正是大数据惊人威力的体现。二十一世纪是网络时代，人们足不出户、轻点鼠标，就能与世界互联互通。每天，庞大的数据在暗流涌动，从你的购买喜好、日常作息到性格特点，统统都可以作为大数据分析的素材。

这就是为什么每次打开淘宝，推荐好物里全部都是自己正想买的东西，剁手是分分钟的事，省钱是不存在的事。

5.5.3 谷歌流感趋势案例 |

谷歌公司启动的 GFT 项目，目标是预测美国疾控中心（CDC）报告的流感发病率。谷歌基于用户的搜索日志（其中包括搜索关键词、用户搜索频率以及用户 IP 地址等信息）的汇总信息，成功"预测"了流感病人的就诊人数。

人们输入的搜索关键词代表了他们的即时需要，反映出用户的情况。为了便于建立关联，设计人员编入"一揽子"流感关键词，包括温度计、流感症状、肌肉疼痛、胸闷等。只要用户输入这些关键词，系统就会展开跟踪分析，创建地区流感图表和流感地图。为验证"谷歌流感趋势"预警系统的正确性，谷歌多次把测试结果与美国疾病控制和预防中心的报告做比对，证实两者的结论存在很大的相关性。

美国 CDC 疾控中心统计美国本土各个地区疾病的就诊人数，然后汇总，最后公布出来，但是结果一般要延迟两周左右。就是说当天流感的全国就诊人数要在两周之后才知道，谷歌就利用它的搜索引擎搭建了一个预测平台，把这个数据提前公布出来。我们都知道"越及时的数据，价值越高"，所以谷歌的工作无论在公共管理领域还是商业领域都具有重大的意义。

谷歌对于数据的处理只用了很简单的 Logistic（逻辑）回归关系算法，但是却成功地预测了复杂的流感规模的问题。谷歌使用简单的方法预测复杂的问题，根本原因在于谷歌的数据量大，它有着世界上最大的搜索引擎，每个用户的搜索行为痕迹都保存在谷歌的数据库里。由此可以看出，当大数据真正走进生活、走进社会，其施展能量的力度会越来越大、越来越强。

5.6 大数据处理的技术标准 Hadoop 介绍

Hadoop 这个名字实际上是它的创始人 Doug Cutting 的儿子的黄色玩具大象的名字。所以，Hadoop 的 Logo 就是一只奔跑的黄色大象，如图 5-1 所示。

图 5-1

Doug Cutting 是谁呢？当第一轮互联网泡沫刚刚破灭时，有一个对搜索引擎特别了解但是同时又失去工作的人，名叫 Doug Cutting，当时他主要靠写点技术专栏文章赚稿费。他觉得以后搜索被一个大公司"一统天下"是一件很可怕的事情，这家公司掌握信息入口，能"翻手为云，覆手为雨"。所以他决定自己搞一个开源的搜索引擎出来，于是说干就干，这个项目叫Nutch。

做了一年之后，终于把这个系统做到能支持1亿网页的抓取、索引和搜索了。但是当时的网站差不多就有10亿，网页数量是万亿这个规模，怎么办呢？遇到的难题是Web上有庞大的数据，使用Nutch抓取Web数据，如何保存和使用这些庞大的数据。

随后，2003年，Google发表了一篇技术学术论文"谷歌文件系统"（Google File System，GFS），GFS是Google公司为了存储海量搜索数据而设计的专用文件系统。而2004年Google又发表了一篇技术学术论文MapReduce。MapReduce是一种分布式编程模型，用于大规模数据集的并行分析运算。

Dog Cutting一看，人家做得那么漂亮，自己现在做的实在是太苦恼了，所以他基于GFS和MapReduce的思想，在Nutch搜索引擎实现了该功能。

在经过一系列周密考虑和详细总结后，2006年，Dog Cutting放弃创业，随后几经周折，加入了Yahoo公司（Nutch的部分也被正式引入Yahoo），机缘巧合下，他以自己孩子的一个玩具大象的名字Hadoop命名了该项目。

当Hadoop项目进入Yahoo以后，逐渐发展并成熟起来。首先是集群规模，从最开始几十台机器的规模发展到能支持上千个节点的机器，中间做了很多工程性质的工作；然后是除搜索以外的业务开发，Yahoo逐步将自己广告系统的数据挖掘相关工作也迁移到了Hadoop上，使Hadoop系统进一步成熟化。

2008年1月，Hadoop正式成为Apache的顶级项目，Hadoop也开始被Yahoo之外的其他公司所使用。Yahoo使用4000个节点的集群运行Hadoop，支持广告系统和Web搜索的研究。Facebook的Hadoop集群扩展到数千个节点，用于存储内部日志数据，支持其上的数据分析和机器学习；淘宝的Hadoop系统达到千台规模，用于存储并处理电子商务的交易相关数据。值得称道的一点是，在成熟化整个系统的过程中，Yahoo一直都将Hadoop做成一个开源软件，而不是自己的私有软件。

Hadoop是一个开源项目，先后有许多公司在其框架的基础上进行了增强，并且发布了商业版本。Hadoop商业版的提供者通过优化核心代码、增强易用性、提供技术支持和持续版本升级，为Hadoop平台实现了许多新功能。

Hadoop改变了企业对数据的存储、处理和分析的过程，加速了大数据的发展。借助Google的论文，Hadoop打开了低成本海量数据处理之门，同时，借助开源运动，Hadoop生态圈得以迅速成熟，也催生了处理各种业务及数据的工具组件（当然最核心的组件是解决大数据如何存储的HDFS（分布式文件系统）和解决大数据如何计算的MapReduce（分布式计算框架）），如图5-2所示，Hadoop成为事实上的大数据处理标准，形成了自己的非常火爆的技术生态圈。

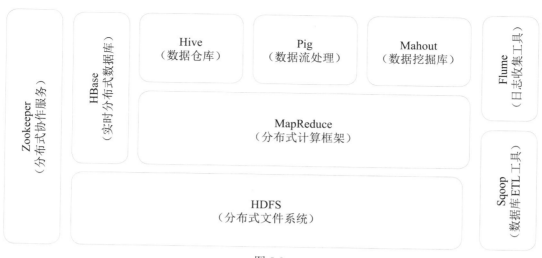

图 5-2

5.7 大数据的云原生

我们在开篇第 1 章介绍了云原生的定义。云原生讲的就是两个词：成本和效率，即开发产品应用的过程中要充分利用云计算的模型来构建和运行应用程序，从而实现工业化生产，进而实现降本增效。

按照这个原理，怎么推导出大数据的云原生呢？大数据的基本特征就是规模非常大，常规的管理手段很难处理它，当数据量越来越大，最牛的服务器都解决不了问题时，怎么办呢？这时就要聚合多台机器的力量，大家齐心协力一起把这个事搞定，这其实也意味着成本上升，另外，复杂的集群系统也意味着效率下降。

讲到这里，大家想起云计算了吧。例如，大数据分析公司的财务情况，可能一周分析一次，如果要把这一百台机器或者一千台机器都在那放着，一周用一次非常浪费。能不能在需要计算的时候，把这一千台机器拿出来；不需要计算的时候，让这一千台机器去干别的事情？

谁能做这个事儿呢？只有云计算，可以为大数据的运算提供资源层的灵活性。而云计算也会将大数据部署到它的 PaaS 平台上，作为一个非常重要的通用应用。因为大数据平台能够使得多台机器一起干一件事，这个东西不是一般人能开发出来的，也不是一般人能玩得转的，怎么也得雇几十上百号人才能把这个玩起来。现在公有云上基本上都会有大数据的解决方案，一个小公司需要大数据平台的时候，不需要采购一千台机器，只要到公有云的管理页面上一点，这一千台机器就会出来，并且上面已经部署好了大数据平台，只要把数据放进去计算就可以了。

■ 5.7.1 大数据系统的主要问题

传统的大数据系统围绕着 Hadoop 生态快速发展、百花齐放，各个企业也逐步建立了自己的大数据平台，甚至是数据中台。然而，在激烈的市场竞争和不断增加的消费期望的双重驱动下，一方面业务需要快速迭代以满足迅速增长，另一方面需要在资源需求不断增长的同时，控制高昂的成本以保持企业的竞争力。这就要求大数据系统能够及时、快速地扩容以满足生产需求，又能尽可能地提高资源的使用效率，降低资源的使用成本。具体的问题体现在以下几点：

（1）弹性扩缩容能力无法满足快速增长的业务需求：随着业务的发展，流量和数据量突增，尤其对于实时计算，需要资源能够及时地扩容，以满足业务需求。尽管一些大数据管控平台尝试实现自动扩缩容（如通过集群负载情况进行扩容），然而，在传统大数据平台架构下，通常需要资源申请、依赖软件安装、服务部署等一系列步骤，该过程通常比较慢，对于集群负载的缓解来说不够及时。

（2）离线分离部署及粗粒度调度无法提高资源的利用率：在传统 Hadoop 架构下，离线作业和在线作业往往分属不同的集群，然而在线业务、流式作业具有明显的波峰波谷特性，在波谷时段，会有大量的资源处于闲置状态，造成资源的浪费和成本的提升。在离线分布集群，通过动态调度、削峰填谷，当在线集群的使用率处于波谷时段时，将离线任务调度到在线集群，可以显著地提高资源的利用率。然而，Hadoop YARN 目前只能通过 NodeManager 上报静态资源情况进行分配，无法基于动态资源调度，无法很好地支持在线、离线业务分布的场景。

（3）操作系统镜像及部署复杂性拖慢应用发布：虚拟机或裸金属设备所依赖的镜像包含诸多软件包，如 HDFS、Spark、Flink、Hadoop 等，系统的镜像远远大于 10GB，通常存在镜像过大、制作烦琐、镜像跨地域分发周期长等问题。基于这些问题，有些大数据开发团队不得不将需求划分为镜像类和非镜像类，当需要修改镜像的需求积累到一定程度时，才统一进行发布，迭代速度受限；当遇到用户紧急且需要修改镜像的需求时，势必面临很大的业务压力。同时，购买资源后，应用的部署涉及依赖部署、服务部署等环节，进一步拖慢应用的发布。

■ 5.7.2 云原生技术如何解决大数据系统问题

云原生解决大数据系统问题就是充分利用云计算基础设施来解决超大规模数据的存储管理和分析问题，并在这个过程中实现降本增效。

我的数据可能在云存储，需要计算的时候，可以分钟级拉起一个上千台机器的 Hadoop 大数据集群进行计算，计算完之后释放掉大数据集群，或者说维持大数据集群在较小的规模，需要的时候分钟级扩容到较大的规模。要实现云原生处理大数据基础问题，也就是要结合云基础设施和 Hadoop 大数据处理技术实现工业化交付、成本量化、负载自适应。未来，可以预计云端托管的 Hadoop 大数据服务这块市场的发展将会远远超过私有化的 Hadoop 大数据集群本地部署。

结合前面的分析，具体阐述对应的策略如下：

（1）云原生技术如何解决弹性扩容问题：在云原生架构中，应用程序及其依赖环境已经提前构建在镜像中，应用程序运行在基于该镜像启动的容器中。在业务高峰期，随着业务量上升，向云原生环境申请容器资源，只需等待镜像下载完成即可启动容器（一般镜像下载时间也是秒级的），当容器启动后，业务应用将立即运行并提供算力，不存在虚拟机的创建、依赖软件安装和服务部署等耗时的环节。而在业务低峰期，删除闲置的容器即可下线相应的应用程序，以节省资源使用的成本。借助云原生环境和容器技术可以快速获取容器资源，并基于应用镜像秒级启动应用程序，实现业务的快速启停，实时地扩缩容业务资源以满足生产需求。

（2）云原生技术如何解决资源使用率低的问题：在传统架构中，大数据业务和在线业务往往部署在不同的资源集群中，这两部分业务相互独立。但大数据业务一般更多的是离线计算类业务，在夜间处于业务高峰，而在线业务恰恰相反，夜间常常处于空载状态。云原生技术借助容器完整（CPU、内存、磁盘 IO、网络 IO 等）的隔离能力，及 Kubernetes 强大的编排调度能力，实现在线和离线业务混合部署，从而使在离线业务充分利用在线业务空闲时段的资源，以提高资源利用率。另外，使用无服务器（Serverless）技术，通过容器化的部署方式，做到有计算任务需求时才申请资源，资源按需使用和付费，使用完之后及时退还资源，极大地增加了资源使用的灵活性，提升了资源使用的效率，有效地降低了资源使用的成本。

（3）云原生技术如何解决发布周期长的问题：在传统大数据系统中，所有环境基本上都使用同一个镜像，依赖环境比较复杂，部署、发布周期往往比较长。有时基础组件需要更新，因为需要重新构建镜像，并上传到各个地域，耗时可能长达数天。而云原生架构使用容器进行部署，应用的发布和基础组件的更新都只需要拉取新的镜像，重新启动容器，具有更新速度快的天然优势，并且不会有环境一致性的问题，可以加快应用发布的节奏，解决应用发布周期长的问题。

第6章
云原生争霸，人工智能是赛点

云原生是目前云计算领域最热门的话题，目前几乎所有互联网公司都在大力使用和推广云原生技术，并将它辐射到其他行业的数字化转型中。另一方面，人工智能（Artificial Intelligence，AI）也被称为第四次工业革命的关键技术，特别是 AlphaGo 横空出世战胜围棋世界冠军，和我国把 AI 列为新基建七大方向之一后，更是让人们深刻感受到智能化时代将要来临。当云原生遇上 AI，将会碰撞出什么样的火花呢？作为数字世界支撑技术之一的人工智能，再次受到市场的关注。无论是计算机视觉、机器学习，还是自然语言处理（NLP）和智能语音，人工智能是数字世界重要的组成部分和关键技术之一，有了这些人工智能技术的持续加持，数字世界未来才会从概念到场景化落地，两者之间的紧密关系让市场有了更多的想象空间和期待。

6.1 什么是人工智能

首先，我们先来界定接下来所要讨论的 AI 的定义和范畴。

AI 可以理解为让机器具备类似人类的智能，从而代替人类去完成某些工作和任务。

我们对 AI 的认知可能来自《西部世界》《超能陆战队》《机器人总动员》等影视作品，这些作品中的 AI 都可以定义为强人工智能，因为它们能够像人类一样去思考和推理，且具备知觉和自我意识。这就是所谓的强人工智能，即具有完全人类思考能力和情感的人工智能。弱人工智能是指不具备完全智慧，但能完成某一特定任务的人工智能。这样的弱人工智能系统能够在特定的任务上，在已有的数据集上进行学习，同时能够在今后没见过的场景预测上获得比较好的结果。这种弱人工智能就在你身边，早已在生活的方方面面为大家服务了，已经开始为社会创造价值。

比如语音助手，在手机、音响、车里甚至你的手表上。最常见的"Hi Siri，帮我查查明天上海的天气"，这里面涉及机器如何听懂、理解人类的意图，并且在互联网上找到合适的数据进行回复。

顺便说一下电话客服的问题，相信大家平时都接到过一些推销电话、骚扰电话，和人类的声音完全一样，甚至能够对答如流，但是你有没有想过，和你进行交流的其实只是一台机器。

这个其实是最接近大家普遍认知中人工智能的模样，无奈要让机器理解人类的自然语言还是路漫漫，特别是人类隐藏在语言里面的情感、隐喻。所以，自然语言处理一直被视为人类征服人工智能的珠穆朗玛峰。

自然语言处理是计算机科学和计算语言学中的一个领域，用于研究人类（自然）语言和计算机之间的相互作用。语义是指单词之间的关系和意义。自然语言处理的重点是帮助计算机利用信息的语义结构（数据的上下文）来理解含义。

相比于理解自然语言，计算机视觉的发展就顺利得多，它教计算机能"看懂"一些人类交给它们的事物。

比如，常见的出行场景中，停车场的牌照识别。以前得雇一个老大爷天天守在门口抄牌子，现在一个摄像头就可以搞定所有的事情。

在购物场景中，如 Amazon 的无人超市，能够通过人脸识别知道你是否来过、以前有没有购物过，从而为你推荐更好的购物体验。

而除了这些身边"有形"的、能看能听的人工智能，帮助人类做决策、做预测也是人工智能的强项。

比如，在网购场景下，能够根据你以前的购物习惯"猜测"你可能喜欢购买某类商品；在刷抖音的时候，机器会学习你的喜好，推荐越来越符合你胃口的视频；在专业性更高的医疗行业，你有没有想过，自己学医 8 年，从 20 岁到 28 岁，仍然有可能被新技术所取代。笔者一个朋友的儿子是学医疗影像专业的，在一家医院工作，有次一起交流的时候，笔者发现他对自己的前景充满了担忧：他说一个影像科的医生，从学习到出师，需要花费数十年的时间。这些 X 光片或者 CT、核磁共振的片子和诊断结果，让人工智能来进行判断，可能只需要几秒钟就能完成，而且计算机诊断的准确率明显高于人类医生，甚至成本也更低。

在家庭生活场景中，每年的 CES 我们都会看到全球智能家居厂商发布的硬核产品。科沃斯发布了基于视觉技术的扫地机器人，它可以识别家里的鞋子、袜子、垃圾桶、充电线，当然除了用到视觉系统之外，还需要机身上各种各样的传感器信息融合处理，才能实现在清扫复杂家居环境时合理避障。

6.2 人工智能的本质

举一个简单的例子，如果我们需要让机器具备识别狗的智能：第一种方式，将狗的特征（毛茸茸、4 条腿、有尾巴……）告诉机器，机器将满足这些规则的东西识别为狗；第二种方式，完全不告诉机器狗有什么特征，但我们“喂”给机器 10 万幅狗的图片，机器就会自己从已有的图片中学习狗的特征，从而具备识别狗的智能。

其实，AI 本质上是一个函数，其实就是我们“喂”给机器目前已有的数据，机器就会从这些数据中找出一个最能拟合（最能满足）这些数据的函数，当有新的数据需要预测的时候，机器就可以通过这个函数预测这个新数据对应的结果是什么。

对于一个具备某种 AI 的模型而言，一般具备以下要素：数据 + 算法 + 模型，理解了这 3 个词，AI 的本质你也就搞清楚了。

我们用一个能够区分猫和狗图片的分类器模型来辅助理解一下这 3 个词。

数据就是我们需要准备大量标注过是猫还是狗的图片。为什么要强调大量？因为只有数据量足够大，模型才能够学习到足够多且准确区分猫和狗的特征，才能在区分猫和狗这个任务上表现出足够高的准确性。当然，在数据量不大的情况下，我们也可以训练模型，不过在新数据集上预测出来的结果往往会差很多。

算法指的是构建模型时我们打算用浅层的网络还是深层的网络，如果是深层的话，我们要用多少层，每层有多少神经元，功能是什么，等等，也就是网络架构的设计，相当于我们确定了预测函数的大致结构应该是什么样的。

我们用 $Y=f(W,X,b)$ 来表示这个函数，X 是已有的用来训练的数据（猫和狗的图片），Y 是已有的图片数据的标签（该图片是猫还是狗）。聪明的你会问：W 和 b 呢？问得好，函数里的 W（权重）和 b（偏差）我们还不知道，这两个参数需要机器学习后自己找出来，找的过程也就是模型训练的过程。

模型指的是我们把数据带入算法中进行训练（Train），机器就会不断地学习，当机器找到最优 W（权重）和 b（偏差）后，我们就说这个模型训练成功了，这个时候函数 $Y=f(W,X,b)$ 就完全确定下来了。

然后，我们可以在已有的数据集外给模型一幅新的猫或狗的图片，模型就能通过函数 $Y=f(W,X,b)$ 计算出这幅图的标签究竟是猫还是狗，这也就是所谓的模型的预测功能。

至此，你应该已经能够理解 AI 的本质了。我们再简单总结一下：无论是最简单的线性回归模型，还是较复杂的，拥有几十甚至上百个隐藏层的深度神经网络模型，本质都是寻找一个能够良好拟合目前已有数据的函数 $Y=f(W,X,b)$，并且我们希望这个函数在新的未知数据上也能够表现良好。

科沃斯机器人推出了行业内首款拥有人工智能与视觉识别系统的扫地机器人 DG70，只给你一个“眼睛”和有限个传感器，但却要求可以识别日常家居物品，比如前方遇到的障碍物是拖鞋还是很重的家具，可不可以推过去，如果遇到了衣服、抹布这种奇形怪状的软布，机器还需要准确识别出来以避免被缠绕。

让扫地机器人完成图像识别大致会经过以下几个步骤：

（1）定义问题：就像刚刚讲的，根据扫地机器人的使用场景，需要识别家居场景中可能遇到的所有障碍物，如家具、桌脚、抹布、拖鞋等。有了这些类别定义，我们才可以训练一个多分类模型，针对扫地机器人眼前看到的物体进行分类，并且采取相应的规避动作。对于很多不了解机器学习的同学来说，能够理解到这一步其实已经是很大的认知突破了。因为机器智能无法像人类一样去学习，去自我进化，去举一反三。当前阶段的机器智能只能忠实地执行人类交给它的任务。

（2）收集数据与训练模型：接下来会去收集数据，并且标注数据。现在的深度神经网络动不动就是几百万个参数，具有非常强大的表达能力，因此需要大量的数据，而且是标注数据。所谓标注数据，就是在收集了有关图片后，需要人工标注员一个一个去判断这些图片是否属于上面已定义类别中的某一个。在工业界，这项工作的成本非常昂贵，一个任务一年可能要花费几百万美金，只是为了做数据标注。有了高质量的标注数据，才有可能驱动深度神经网络去拟合真实世界的问题。

（3）在这个具体案例上，这么复杂的人工智能运算是在本地机器上运行的。一方面保护用户隐私，不能将用户数据上传到云端；另一方面，扫地是一个动态过程，很多运算对时效性要求非常高，稍有延迟可能一不小心就撞到墙壁了。

综上所述，大家可以看到，连简单的"识别拖鞋"都需要经过这么复杂的过程。所以，扫地机器人虽小，但其中涉及的技术领域堪比自动驾驶。而对于自动驾驶汽车来说，对于信号收集过程，也跟上面差不多。不过为了保证信号的精确程度，现代的自动驾驶汽车除了图像视觉信号之外，车身会配备更多的传感器，精确感知周围的环境。

6.3 大名鼎鼎的神经网络

6.3.1 什么是神经元

要想了解神经网络，首先要知道什么是神经元。神经元也叫神经细胞，它的功能是接受某些形式的信号并对之做出反应，比如传导兴奋、处理并储存信息以及发生细胞之间的联结等。正因为神经元的这些功能，才使得人和动物能够对外界环境的变化做出反应。毋庸置疑，越高级的动物，神经元的个数和神经元之间的连接越复杂。如图 6-1 所示，神经元由树突、轴突、神经末梢等组成。神经元是人体神经系统的基本结构和功能单位，人体神经系统就是无数个神经元相连而成的一个非常复杂的网络系统。神经元间的联系方式是互相接触，而不是细胞质的互相沟通。树突接受信息，并转换成电信号，轴突传输电信号并处理等，神经末梢对信息进行反应。一个神经元完成了一个信息接收、处理、输出的基本动作。1943 年，美国神经解剖学家 Warren McCulloch 和数学家 Walter Pitts 将神经元描述为一个具备二进制输出的逻辑门：传入神经元的冲动经整合使细胞膜电位提高，超过动作电位的阈值时即为兴奋状态，产生神经冲动，由轴突经神经末梢传出。传入神经元的冲动经整合后使细胞膜电位降低，低于阈值时即为抑制状态，不产生神经冲动。

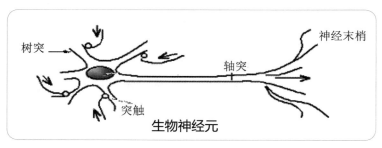

图 6-1

虚拟世界的神经网络模型只需一组数字就能构建出一个神经元，比如 5 个输入（树突）、1 个输出（轴突）的神经元模型，只需要 7 个数字表示：5 个值表示每个输入的权重，1 个值表示阈值，1 个值表示神经元激发后的输出。单个神经元确实很简单，但只要将组成人脑的一千亿个神经元连接起来，量变就会引起质变。

神经元是神经网络的基本组成部分，如果把它画出来，则如图 6-2 所示。

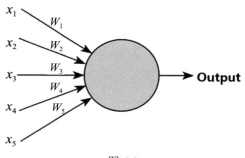

图 6-2

图 6-2 中神经元左边的 x 表示对神经元的多个输入，W 表示每个输入对应的权重，神经元右边的箭头表示它仅有一个输出。神经网络技术起源于二十世纪五六十年代，当时叫感知器（Perceptron）。单层感知器是一个一层的神经元。感知器有多个二进制输入（值只能是 0 或 1）x_1、x_2、$\cdots$、x_n，每个输入有对应的权重 W_1、W_2、$\cdots$、W_n（图中没画出来），将每个输入值乘以对应的权值再求和（$\sum X_j W_j$），然后与一个阈值（Threshold）比较，大于阈值则输出 1，小于阈值则输出 0。公式如下：

$$\text{Output} = \begin{cases} 0 & \text{if } \sum_j W_j x_j \leqslant \text{Threshold} \\ 1 & \text{if } \sum_j W_j x_j > \text{Threshold} \end{cases}$$

如果把公式写成矩阵形式，再用 b 来表示负数的阈值（b=-Threshold），则公式如下：

$$\text{Output} = f(x) = \begin{cases} 0 & \text{if } Wx + b \leq 0 \\ 1 & \text{if } Wx + b > 0 \end{cases}$$

举个例子，你所在的城市将有一个你的偶像的演唱会，你要决定是否观看，就可以用神经元来决定，这个决策模型通常取决于 3 个因素：

● 天气好吗？

● 你的好朋友是否愿意陪你去？

● 这个活动地点的交通是否很方便（你自己没车，如果有地铁可以直达最好）？

我们将这 3 个因素用对应的二进制变量 x_1、x_2 和 x_3 来表示。比如，当天气不错时，x_1=1，当天气不好时，x_1=0；相似地，如果好朋友愿意去，x_2=1，否则 x_2=0；同理，对于公共交通 x_3 赋值。

然后根据你的意愿，比如让天气权重 W_1=6，其他条件权重分别为 W_2=2，W_3=2。权重 W_1值最大，表示天气影响最大，比好朋友加入或者交通的影响都大。最后，假设你选择 5 作为感知器阈值（b 为 -5），按照这种选择，这个感知器就能实现这个决策模型：当天气好的时候输出 1，当天气不好的时候输出 0，无论你的好朋友是否愿意去，或者交通是否方便。如果觉得不太适合你的个性，可以自己调整模型参数，比如权重、阈值，直到感知器做出的决定能够代表你的个性为止。

其实，训练神经网络的目的就是通过训练过程来得到权重（W）和阈值（b）。W 和 b 值可以让神经网络得到一项判断能力和一项预测能力。比如，输入一幅猫或狗的图片，神经网络根据训练好的 W 和 b，通过上面的公式，根据每个像素的值以及与其对应的权重值和阈值来判定这幅图里是否有猫或狗。神经网络就是这样来进行预测的，它和我们人类的思考方式是一样的。虽然人可以做出非常复杂的判断，但是基本原理是很简单的。人为什么能轻松分辨出一幅图片中是否有猫？因为人就是一个巨型的神经网络，这个神经网络里面包含数亿甚至更多的神经元，每个神经元都可以接受多个输入，在日常生活中，小孩子通过大人的教导，不断地看见猫，我们的神经元对于这个输入就形成了很多特定的权重（W），所以当再次看见一只猫时，这个输入（这个猫）与相应的权重（W）联合起来进行运算后，其结果就指示了这个输入是一只猫。

6.3.2 什么是激活函数

对于生物学上的神经元来说，它只有两个状态：1 对应神经元兴奋；0 对应神经元抑制。类比生物学的神经元，信号从人工神经网络中的上一个神经元传递到下一个神经元的过程中，信号必须足够强，才能激发下一个神经元的动作电位，使它产生兴奋。激活函数的作用与之类似，神经元的输入和输出之间具有函数关系，因此称为激活函数。当信息到达并计算完成之后，这个值不会直接传递给下一层，而是需要经过一个激活函数，将激活函数的值传递给下一层。这里激活函数也叫点火规则，这使它与人脑的工作联系起来。当一个神经元的输入足够大时，就会点火，也就是从它的轴突（输出连接）发送电信号。同样，在人工神经网络中，只有输入超过一定标准，才会产生输出。

在神经网络中，使用激活函数的原因有很多，除了前面讨论过的生物学方面的相似性外，激活函数还有助于我们根据要求将神经元的输出值限定在一定的范围内。这一点很重要，因为如果输出值不被限定在某个范围内，它可能会变得非常大，特别是在具有数百万个参数的深层神经网络中，导致计算量过大。常用的 Sigmoid 激活函数的区间是 [0,1]，当神经元的输出为 1 时，表示该神经元被激活，否则未被激活。如果我们遇到的是多类型分类问题，则使用 Softmax 激活函数可以轻松地为每个类别分配值，并且很容易将这个值转化为概率。

6.3.3 什么是深度神经网络

到目前为止，我们已经介绍完了神经元和激活函数，它们都是构建任意神经网络的基本构件。

最简单的神经网络模型由单个神经元组成，或称为感知器。它由弗朗克·罗森布拉特（Frank Rosenblatt）于 1957 年发明，它包括一个简单的神经元，对输入进行加权和函数变换（在生物神经元中是枝状突起），并输出其结果（输出等同于生物神经元的轴突），如图 6-3 所示。

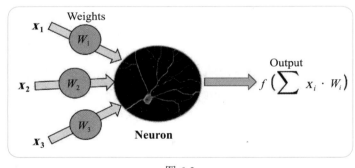

图 6-3

单个神经元的图像，左边为输入，乘以每个输入的权重，神经元将函数变换应用于输入的加权和并输出结果。单层感知器具有一定的局限，只能用于二元分类，且无法学习比较复杂的非线性模型，因此实际应用中的感知器模型往往更加复杂。将多个单层感知器进行组合，可以得到一个多层感知器结构。

机器学习有很多经典算法，其中有一个叫作神经网络的算法。神经网络最初是一个生物学的概念，一般是指大脑神经元、触点、细胞等组成的网络，用于产生意识，帮助生物思考和行动，后来人工智能受神经网络的启发，发展出了人工神经网络。人工神经网络是指由计算机模拟的"神经元"一层一层组成的系统。这些"神经元"与人类大脑中的神经元相似，通过加权连接相互影响，并通过改变连接上的权重，可以改变神经网络执行的计算。

多层感知器（Multilayer Perceptron，MLP）也叫人工神经网络（Artificial Neural Network，ANN），简单地说就是将多个神经元连接起来，组成一个网络。当以这种方式构建网络时，不属于输入层或输出层的神经元叫作隐藏层，正如它们的名称所描述的，隐藏层是一个黑盒模型。它的特点是有多层，且神经元之间是全连接的，即后一层的神经元会连接到前一层的每个神经元（这里定义一下从输入层到输出层为从后向前）。

一个多层感知器的示意图如图 6-4 所示。网络的最左边一层被称为输入层（Input Layer），其中的神经元被称为输入神经元。最右边及输出层（Output Layer）包含输出神经元，在这个例子中，只有一个单一的输出神经元，但一般情况下输出层也会有多个神经元。中间层被称为隐含层（Hidden Layer），因为里面的神经元既不是输入神经元又不是输出神经元。隐含层是整个神经网络最为重要的部分，它可以是一层，也可是 N 层，隐含层的每个神经元都会对数据进行处理。

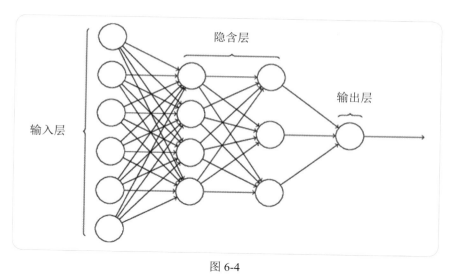

图 6-4

想象一下，足够多的神经元，足够多的层级，恰到好处的模型参数，使得神经网络的威力暴增，而具有超过一个隐藏层的神经网络通常被叫作深度神经网络（Deep Neural Network，DNN）。

一个神经网络的搭建需要满足 3 个条件：输入和输出、权重（W）以及阈值（b），为多层感知器的结构。其中，最困难的部分就是确定权重（W）和阈值（b）。到目前为止，这两个值都是主观给出的，现实中很难估计它们的值，必须使用一种方法找出答案，这种方法就是试错法。其他参数都不变，W（或 b）的微小变动记作 ΔW（或 Δb），然后观察输出有什么变化。不断重复这个过程，直至得到对应最精确输出的那组 W 和 b，就是我们需要的值，这个过程称为模型的训练。可以看到，整个过程需要海量计算。所以，神经网络直到最近这几年才有实用价值，而且一般的 CPU（中央处理器）还不行，要使用专门为机器学习定制的 GPU 来计算。

通过一个车牌自动识别的例子来解释神经网络。所谓车牌自动识别，就是摄像头拍下车牌照片，计算机识别出照片里的数字。在这个例子中，车牌照片就是输入，车牌号码就是输出，照片的清晰度可以设置权重（W）。然后，找到一种或多种图像比对算法，作为感知器。算法得到的结果是一个概率，比如有 75% 的概率可以确定是数字 1。这就需要设置一个阈值（b），低于这个门槛结果就无效。将一组已经识别好的车牌照片作为训练集数据，输入模型。不断调整各种参数，直至找到正确率最高的参数组合。以后拿到新照片就可以直接给出结果了。

在过去的 20 年中，各种类型的可用数据量以及我们的数据存储和处理机器（计算机）的功能都呈指数级增长。计算力的增加以及用于训练模型的可用数据量的大量增加，使我们能够创建更大、更深的神经网络，这些深度神经网络的性能优于较小的神经网络。传统的机器学习算法的性能会随着训练数据集的增大而增加，但是当数据集增大到某一点之后，算法的性能会停止上升。数据集大小超过这个值之后，即便为模型提供了更多的数据，传统模型也不知道如何处理这些附加的数据，从而性能得不到进一步的提高。而神经网络则不然，神经网络的性能总是随着数据量的增加而增加（前提是这些数据质量良好），随着网络大小的增加，训练速度也会加快。

最初的神经网络是感知器模型，可以认为是单层神经网络，但由于感知器算法无法处理多分类问题和线性不可分问题，当时计算能力也落后，对神经网络的研究沉寂了一段时间。2006 年，Geoffrey Hinton 在科学杂志 Science 上发表了一篇文章，不仅解决了神经网络在计算上的难度，同时也说明了深度神经网络在学习上的优异性。深度神经网络的深度指的是这个神经网络的复杂度，神经网络的层数越多就越复杂，它所具备的学习能力就越深，因此我们称之为深度神经网络。从此，神经网络重新成为机器学习界主流强大的学习技术，同时具有多个隐藏层的神经网络被称为深度神经网络，基于深度神经网络的学习研究则被称为深度学习。

如图 6-5 所示，神经网络与深度神经网络的区别在于隐藏层级。神经网络一般有输入层、隐藏层和输出层，一般来说隐藏层大于 2 的神经网络就叫作深度神经网络，深度学习就是采用深度神经网络这种深层架构进行机器学习的一种方法。实质上就是通过构建具有很多隐藏层的机器学习模型和海量的训练数据来学习更有用的特征，从而最终提升分类或预测的准确性。

有"计算机界诺贝尔奖"之称的 ACMAM 图灵奖（ACM A.M Turing Award）公布 2018 年的获奖者为引起这次人工智能革命的 3 位深度学习之父——蒙特利尔大学教授 Yoshua Bengio、多伦多大学名誉教授 Geoffrey Hinton、纽约大学教授 Yann LeCun，他们使深度神经网络成为计算的关键。ACM 这样介绍他们 3 人的成就：Geoffrey Hinton、Yann LeCun 和 Yoshua Bengio 三人为深度神经网络这一领域建立了概念基础，通过实验揭示了神奇的现象，还贡献了足以展示深度神经网络实际进步的工程进展。

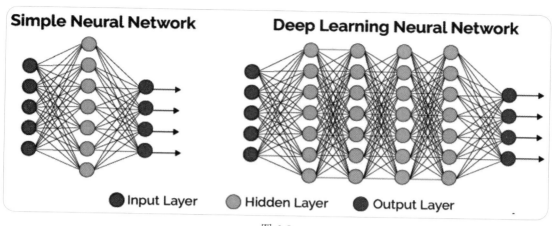

图 6-5

6.3.4 什么是卷积神经网络 |

比如图像中有一只猫，但是计算机可以真正看到猫吗？答案是否定的，计算机看到的是数字矩阵（0 ～ 255）。所谓图像识别，就是从一大堆数字中找出规律。在图像识别和其他很多问题上，卷积神经网络取得了当前最好的效果，被广泛用于各个领域，在很多问题上都取得了当前最好的性能。

人的大脑在识别图片的过程中，并不是一下子对整幅图片同时识别，而是对图片中的每个特征首先局部感知，然后在更高层次对局部进行综合处理，从而得到全局信息。比如，人首先理解的是颜色和亮度，然后是边缘、角点、直线等局部细节特征，接下来是纹理、几何形状等更复杂的信息和结构，最后形成整个物体的概念。

深度学习的许多研究成果离不开对大脑认知原理的研究，尤其是视觉原理的研究。在卷积神经网络的发展历史中，第一件里程碑事件是科学家通过对猫的视觉皮层细胞研究发现，每一个视觉神经元只会处理一小块区域的视觉图像，即感受野（Receptive Field）。动物大脑的视觉皮层具有分层结构。眼睛将看到的景象成像在视网膜上，视网膜把光学信号转换成电信号，传递到大脑的视觉皮层，视觉皮层是大脑中负责处理视觉信号的部分。感谢 David Hubel（出生于加拿大的美国神经生物学家）和 Torsten Wiesel，他们的主要贡献是发现了视觉系统的信息处理，即可视皮层是分级的。科学家做了实验，他们在猫的大脑初级视觉皮层内插入电极，在猫的眼前展示各种形状、空间位置、角度的光带，然后测量猫大脑神经元放出的电信号。实验发现，不同的神经元对各种空间位置和方向的偏好不同，他们的研究成果获得了诺贝尔奖。

人类的视觉原理：从原始信号摄入开始（瞳孔摄入像素（Pixel）），接着做初步处理（大脑皮层某些细胞发现边缘和方向），然后抽象（大脑判定眼前的物体的形状是圆形的），然后进一步抽象（大脑进一步判定该物体是只气球）。对于不同的物体，人类视觉也是通过这样逐层分级来进行认知的，我们可以看到，最底层的特征基本上是类似的，就是各种边缘，越往上，越能提取出此类物体的一些特征（轮子、眼睛、躯干等），到最上层，不同的高级特征最终组合成相应的图像，从而能够让人类准确地区分不同的物体。

我们可以很自然地想到，可以不可以模仿人类大脑的这个特点，构造多层的神经网络，较低层的识别初级的图像特征，若干底层特征组成更上一层的特征，最终通过多个层级的组合在顶层做出分类呢？答案是肯定的，这也是卷积神经网络的灵感来源。卷积神经网络可以看成是上面这种机制的简单模仿。每当我们看到某些东西时，一系列神经元被激活，每一层都会检测到一组特征，如线条、边缘。高层次的层将检测更复杂的特征，以便识别我们所看到的内容。

典型的卷积神经网络由 3 部分构成：卷积层、池化层和全连接层。卷积层负责提取图像中的局部特征，网络前面的卷积层捕捉图像局部、细节信息，后面的卷积层用于捕获图像更复杂、更抽象的信息。经过多个卷积层的运算，最后得到图像在各个不同尺度的抽象表示。池化层用来大幅降低参数量级，减少计算量。全连接层类似于传统神经网络的部分，用来输出想要的结果。

在卷积神经网络出现之前，图像对于人工智能来说是一个难题，有两个原因：图像需要处理的数据量太大，导致成本很高，效率很低；图像在数字化的过程中很难保留原有的特征，导致图像处理的准确率不高。

图像是由像素构成的，每个像素又是由颜色构成的。现在随便一幅图片都是 1000×1000 像素以上的，每个像素都有 R、G、B 三个参数来表示颜色信息。假如我们处理一幅 1000×1000 像素的图片，我们就需要处理 300 万个参数。数据量这么大的数据处理起来非常消耗资源，而且这只是一幅不算太大的图片。卷积神经网络解决的第一个问题是"将复杂问题简化"，把大量参数降维成少量参数，再做处理。更重要的是，在大部分场景下，降维并不会影响结果。比如将 1000 像素的图片缩小成 200 像素，并不影响肉眼认出来图片中是一只猫还是一只狗，机器也是如此。

另外，假如一幅图像中有圆形是 1，没有圆形是 0，那么圆形的位置不同就会产生完全不同的数据表达。但是从视觉的角度来看，图像的内容（本质）并没有发生变化，只是位置发生了变化。所以当我们移动图像中的物体时，用传统的方式得出来的参数差异会很大，这是不符合图像处理的要求的。而卷积神经网络也解决了这个问题，它用类似视觉的方式保留了图像的特征，当图像进行翻转、旋转或者变换位置时，它也能有效地识别出来是类似的图像。

2012 年，在有计算机视觉界"世界杯"之称的 ImageNet 图像分类竞赛中，Geoffrey E. Hinton 等人凭借卷积神经网络一举夺得该竞赛的冠军，霎时学界、业界纷纷惊愕哗然。自此便揭开了卷积神经网络在计算机视觉领域逐渐称霸的序幕，此后每年 ImageNet 竞赛的冠军非卷积神经网络莫属。近年来，随着神经网络特别是卷积神经网络相关领域研究人员的增多、技术的日新月异，卷积神经网络蓬勃发展，被广泛用于各个领域，在很多问题上都取得了当前最好的性能。

那深度神经网络和卷积神经网络的区别是什么呢？我们已经知道深度神经网络是一个很广的概念，某种意义上卷积神经网络属于其范畴之内。深度神经网络是指包含多个隐藏层（Hidden Layer）的神经网络。卷积和深度是神经网络互相独立的两个性质。卷积指的是前端有卷积层，深度指的是网络有很多层（理论上讲，有两个隐藏层就可以叫深度神经网络了）。

6.3.5 什么是生成对抗网络

或许，大家听过 AI 换脸，你会看到图片上的人脸看起来感觉都很亲切，就像是身边的一个个普通人一样。其实他们都是生成的，也就是说这些人并不真实存在。这个事情我们已经见怪不怪了，AI 换脸、人脸生成技术已经很火了，这背后的技术就是生成对抗网络（Generative Adversarial Network，GAN）。

再看一个例子，这是一个叫作 Deep Dream Generator 的网页应用，用户张三上传一幅大象图片，然后选择图片左下角的风格，通过训练好的生成器就可以生成相应风格的图片，如图 6-6 所示，得到的效果还很不错。

图 6-6

此刻或许大家就会好奇，到底什么是生成对抗网络？生成对抗网络是通过让两个神经网络相互博弈的方式进行学习，可以根据原有的数据集生成以假乱真的新数据，举个不是很恰当的例子，类似于造假鞋，某地艺术家通过观察真鞋，模仿真鞋的特点造出假鞋并卖给消费者，消费者收到鞋子后将它与网上的真鞋信息进行对比（找瑕疵），并给出反馈，比如标不正、气垫弹性不好，某地艺术家根据消费者给出的反馈积极地改进工艺，经过不懈努力后，最终造出了可以忽悠消费者的假鞋。在上述情景中，某地艺术家相当于生成器，消费者相当于判别器，在造假的过程中，生成器和判别器一直处于对抗状态。

我们把上述情景抽象为神经网络。首先，通过对生成器输入一个分布的数据，生成器通过神经网络模仿生成一个输出（假鞋），将假鞋与真鞋的信息共同输入判别器中。然后，判别器通过神经网络学着分辨两者的差异，做一个分类判断出这双鞋是真鞋还是假鞋。这样，生成器不断训练，为了以假乱真，判别器不断训练，为了区分二者。最终，生成器真能完全模拟出与真实的数据一模一样的输出，判别器已经无力判断。

这里的生成对抗网络模型包含一对子模型。生成对抗网络的名字中包含对抗的概念，为了体现对抗这个概念，除了生成模型 G（Generator）外，还有另一个模型帮助生成模型更好地学习观测数据的条件分布，这个模型可以称作判别模型 D（Discriminator），它的输入是数据空间内的任意一幅图像 x，输出是一个概率值，表示这幅图像属于真实数据的概率。对于生成模型 G 来说，它的输入是一个随机变量 z，z 服从某种数学分布，输出是一幅图像 $G(z)$，如果它生成的图像经过模型 D 后的概率值很高，就说明生成模型已经比较好地掌握了数据的分布模式，可以产生符合要求的样本；反之则没有达到要求，还需要继续训练。判别模型的目标就是甄别出哪些图像是真实数据分布中的。生成模型的目标是让自己生成的图像被判别模型判断为来自真实数据分布。如果生成模型生成的图像和真实的图像有区别，则判别模型会给它判定比较低的概率。

如图 6-7 所示，生成对抗网络有两个神经网络构成。第一个叫判别器（Discriminator），记作 $D(Y)$。它得到输入 Y（比如一幅图像）后输出一个值，这个值表示 Y 看起来是否真实。对于 $D(Y)$ 这个函数，当 Y 是真实样本时，函数的值接近 0，反之，当图片 Y 的噪声很大或者很奇怪时，函数值为正。另一个网络叫作生成器（Generator），记为 $G(Z)$。生成器 $G(Z)$ 的作用是生成图像，这些生成的图像会被用来训练判别器 $D(Y)$。

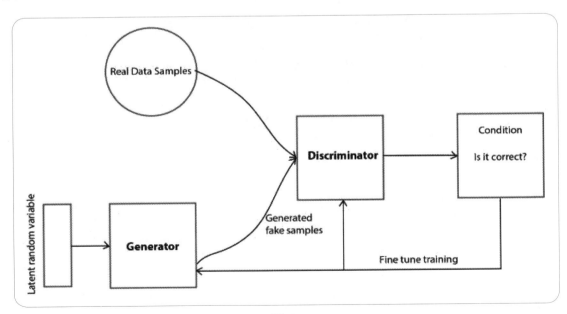

图 6-7

在训练 D 的过程中，给它一幅真实的图像，使其调整参数输出较低的值；再给它一幅 G

生成的图像，让它调整参数，输出较大的值 $D(G(Z))$。另一方面，在训练 G 的时候，它会调整内部的参数使得它生成的图像越来越真实。也就是它一直在优化，使得它产生的图像能够骗过 D，想要让 D 认为它生成的图像是真实的。也就是说，对这些生成的图像，G 想要最小化 D 的输出，而 D 想要最大化 D 的输出，两个网络的目的正好相反，呈现出对抗的姿态。因此，这样的训练就叫作对抗训练（Adversarial Training），这就是 GAN。

6.4 自然语言处理

6.4.1 什么是自然语言处理

自然语言处理（Natural Language Processing，NLP）技术是人工智能的一个重要分支，其目的是利用计算机对自然语言进行智能化处理。在 AI 时代，我们希望计算机拥有视觉、听觉、语言和行动的能力，其中语言是人类区别于动物的最重要特征之一，语言是人类思维的载体，也是知识凝练和传承的载体。在人工智能领域，研究自然语言处理技术的目的是让机器理解并生成人类的语言，从而和人类平等流畅地沟通和交流。由于自然语言是人类区别于其他动物的根本标志，没有语言，人类的思维也就无从谈起，因此自然语言处理体现了人工智能的最高任务与境界。也就是说，只有当计算机具备处理自然语言的能力时，机器才算实现了真正的智能。

从研究内容来看，自然语言处理包括语法分析、语义分析、篇章理解等。从应用角度来看，自然语言处理具有广泛的应用前景。特别是在信息时代，自然语言处理的应用包罗万象，例如机器翻译、手写体和印刷体字符识别、语音识别及文语转换、信息检索、信息抽取与过滤、文本分类与聚类、舆情分析和观点挖掘等，它涉及与语言处理相关的数据挖掘、机器学习、知识获取、知识工程、人工智能研究和与语言计算相关的语言学研究等。

值得一提的是，自然语言处理的兴起与机器翻译这一具体任务有着密切联系。机器翻译指的是利用计算机自动将一种自然语言翻译为另一种自然语言。《圣经》里有一个故事说：巴比伦人想建造一座塔直通天堂。建塔的人都说着同一种语言，心意相通，齐心协力。上帝看到人类竟然敢做这种事情，就让他们的语言变得不一样。因为人们听不懂对方在讲什么，于是大家整天吵吵闹闹，无法继续建塔。后来人们把这座塔叫作巴别塔，而"巴别"的意思就是"分歧"。虽然巴别塔停建了，但一个梦想却始终萦绕在人们心中：人类什么时候才能拥有相通的语言，重建巴别塔呢？机器翻译被视为重建巴别塔的伟大创举。假如能够实现不同语言之间的机器翻译，我们就可以理解世界上任何人说的话，与他们进行交流和沟通，再也不必为相互不能理解而困扰。

事实上，人工智能被作为一个研究问题正式提出来的时候，创始人把计算机国际象棋和机器翻译作为两个标志性的任务，认为只要国际象棋系统能够打败人类世界冠军，机器翻译系统达到人类翻译水平，就可以宣告人工智能的胜利。IBM 公司的深蓝超级计算机已经能够打败国际象棋世界冠军卡斯帕罗夫。而机器翻译到现在仍无法与人类翻译水平相比，由此可以看出，自然语言处理有多么困难。

6.4.2　自然语言处理的难点和挑战

自然语言处理的困难可以罗列出来很多，关键在于消除歧义问题，如词法分析、句法分析、语义分析等过程中存在的歧义问题，简称为消歧。而正确的消歧需要大量的知识，包括语言学知识（如词法、句法、语义、上下文等）和世界知识（与语言无关）。这带来自然语言处理的两个主要困难。

首先，语言中充满了大量的歧义，这主要体现在词法、句法及语义 3 个层次上。歧义的产生是由于自然语言所描述的对象——人类的活动非常复杂，而语言的词汇和句法规则又是有限的，这就造成同一种语言形式可能具有多种含义。

例如，单词定界问题属于词法层面的消歧任务。在口语中，词与词之间通常是连贯说出来的。在书面语中，中文等语言也没有词与词之间的边界。由于单词是承载语义的最小单元，要解决自然语言处理，单词的边界界定问题首当其冲。特别是中文文本通常由连续的字序列组成，词与词之间缺少天然的分隔符，因此中文信息处理比英文等西方语言多一步工序，即确定词的边界，我们称为"中文自动分词"任务。通俗地说，就是由计算机在词与词之间自动加上分隔符，从而将中文文本切分为独立的单词。例如，一个句子"今天天气晴朗"，带有分隔符的切分文本是"今天 | 天气 | 晴朗"。中文自动分词处于中文自然语言处理的底层，是公认的中文信息处理的第一道工序，扮演着重要的角色，主要存在新词发现和歧义切分等问题。我们注意到：正确的单词切分取决于对文本语义的正确理解，而单词切分又是理解语言的最初的一道工序。这样的一个"鸡生蛋，蛋生鸡"的问题，自然成了（中文）自然语言处理的第一个拦路虎。

其他级别的语言单位也存在着各种歧义问题。例如在短语级别上，"进口彩电"可以理解为动宾关系（从国外进口了一批彩电），也可以理解为偏正关系（从国外进口的彩电）。又如在句子级别上，"做手术的是她的父亲"可以理解为她父亲生病了需要做手术，也可以理解为她父亲是医生，帮别人做手术。总之，同样一个单词、短语或者句子有多种可能的理解，表示多种可能的语义。如果不能解决好各级语言单位的歧义问题，我们就无法正确理解语言要表达的意思。

另一个方面，消除歧义所需的知识在获取、表达以及运用上存在困难。由于语言处理的复杂性，合适的语言处理方法和模型难以设计。

例如上下文知识的获取问题。在试图理解一句话的时候，即使不存在歧义问题，我们也往往需要考虑上下文的影响。所谓的上下文，指的是当前所说的这句话所处的语言环境，例如说话人所处的环境，或者这句话的前几句话或者后几句话，等等。

假如当前这句话中存在指代词，我们需要通过这句话前面的句子来推断这个指代词指的是什么。我们以"小明欺负小亮，因此我批评了他"为例。其中的后半句话中的"他"是指代"小明"还是"小亮"呢？要正确理解这句话，我们就要理解前半句话"小明欺负小亮"意味着"小明"做得不对，因此后半句中的"他"应当指代的是"小明"。由于上下文对于当前句子的暗示形式是多种多样的，因此如何考虑上下文影响是自然语言处理中的主要困难之一。

例如背景知识问题，正确理解人类语言还要有足够的背景知识。举一个简单的例子，在机器翻译研究的初期，人们经常举一个例子来说明机器翻译任务的艰巨性。在英语中，The spirit is willing but the flesh is weak 的意思是"心有余而力不足"。但是当时的某个机器翻译系统将这句英文翻译成俄语，再翻译回英语的时候，却变成了 The Vodka is strong but the meat is rotten，意思是"伏特加酒是浓的，但肉却腐烂了"。从字面意义上看，spirit（烈性酒）与 Vodka（伏特加）对译似乎没有问题，而 flesh 和 meat 也都有肉的意思。这两句话在意义上为什么会南辕北辙呢？关键就在于在翻译的过程中，机器翻译系统对于英语成语并无了解，仅仅从字面上进行翻译，结果自然失之毫厘，差之千里。

从上面两个方面的主要困难可以看到，自然语言处理这个难题的根源就是人类语言的复杂性和语言描述的外部世界的复杂性。人类语言承担着人类表达情感、交流思想、传播知识等重要功能，因此需要具备强大的灵活性和表达能力，而理解语言所需的知识又是无止境的。那么目前人们是如何尝试进行自然语言处理的呢？

6.4.3 自然语言处理的发展趋势

目前，人们主要通过两种思路来进行自然语言处理，一种是基于规则的理性主义，另一种是基于统计的经验主义。理性主义方法认为，人类语言主要是由语言规则来产生和描述的，因此只要能够用适当的形式将人类语言规则表示出来，就能够理解人类语言，并实现语言之间的翻译等各种自然语言处理任务。而经验主义方法则认为，从语言数据中获取语言统计知识，有效建立语言的统计模型。因此，只要能够有足够多的用于统计的语言数据，就能够理解人类语言。

然而，当面对的现实世界充满模糊与不确定性时，这两种方法都面临着各自无法解决的问题。例如，人类语言虽然有一定的规则，但是在真实使用中往往伴随大量的噪声和不规范性。理性主义方法的一大弱点就是鲁棒性差，只要与规则稍有偏离便无法处理。而对于经验主义方法而言，又不能无限地获取语言数据进行统计学习，因此也不能够完美地理解人类语言。

二十世纪八十年代以来的趋势就是，基于语言规则的理性主义方法不断受到质疑，大规模语言数据处理成为目前和未来一段时间内自然语言处理的主要研究目标。统计学习方法越来越受到重视，自然语言处理中越来越多地使用机器自动学习的方法来获取语言知识。

迈进二十一世纪，我们已经进入以互联网为主要标志的海量信息时代，这些海量信息大部分是以自然语言表示的。一方面，海量信息也为计算机学习人类语言提供了更多的"素材"，另一方面，这为自然语言处理提供了更加宽广的应用舞台。同时，人们逐渐意识到，单纯依靠统计方法已经无法快速、有效地从海量数据中学习语言知识，只有同时充分发挥基于规则的理性主义方法和基于统计的经验主义方法的各自优势，两者互相补充，才能够更好、更快地进行自然语言处理。

6.5　语音识别

语音识别技术也被称为自动语音识别（Automatic Speech Recognition，ASR），其目标是将人类的语音中的词汇内容转换为计算机可读的输入，例如按键、二进制编码或者字符序列。与说话人识别及说话人确认不同，后者尝试识别或确认发出语音的说话人，而非其中所包含的词汇内容。

首先，我们知道声音实际上是一种波。常见的 MP3 等格式都是压缩格式，必须转成非压缩的纯波形文件来处理，比如 Windows PCM 文件，也就是俗称的 WAV 文件。WAV 文件中存储的除了一个文件头以外，就是声音波形的一个个点了。如图 6-8 所示是一个波形的示例。

图 6-8

在开始语音识别之前，需要把首尾端的静音切除，降低对后续步骤造成的干扰。这个静音切除的操作一般称为 VAD。语音识别中最常用的可能就是语音听写，就是把语音变成对应语言、对应内容的文字，如图 6-9 所示，以中文语音听写为例，简单讲一下笔者的个人理解。

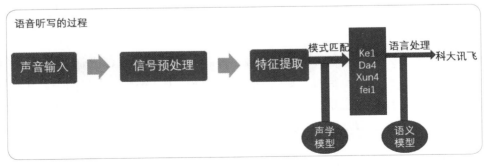

图 6-9

听写大致的过程：从语音信号的输入开始，需要做 VAD、降噪、回声消除、声音分帧（即把声音切开成一小段一小段，每小段称为一帧）等语音预处理，特征提取的主要目的是把每一帧波形变成一个包含声音信息的多维向量，将特征放到声学模型（声学模型是通过对语音数据进行训练获得，输入是特征向量，输出为音素信息）中做声学匹配，可以得到输入语音的发音信息（可以简单理解为拼音），然后将发音信息放到语言模型（语言模型是通过对大量文本信息进行训练，得到单个字或者词相互关联的概率）中匹配，可以得到该模型下置信度最高的文字结果。

我们可以明显地发现，整个听写识别过程中两个匹配模型是核心步骤，我们在网络上经常看到的机器学习、各种神经网络（如 CNN）等，就是在这个核心步骤中发挥作用的，这样基本上语音识别过程就完成了。

6.6 机器学习与深度学习

6.6.1 什么是机器学习

要说明什么是深度学习，首先要知道机器学习（Machine Learning，ML）、神经网络、深度学习之间的关系。

众所周知，机器学习是一种通过利用数据训练出模型，然后使用模型预测的一种方法。与传统的为解决特定任务、硬编码的软件程序不同，机器学习使用大量的数据来"训练"，通过各种算法从数据中学习如何完成任务。举个简单的例子，当我们浏览网上商城时，经常会出现商品推荐的信息。这是商城根据你往期的购物记录和冗长的收藏清单，识别出其中哪些是你真正感兴趣并且愿意购买的产品。这样的决策模型可以帮助商城为客户提供建议并鼓励产品消费。

机器学习是人工智能的子领域，机器学习理论主要是设计和分析一些让计算机可以自动学习的算法。

举个例子，假设要构建一个识别猫的程序。传统上如果我们想让计算机进行识别，需要输入一串指令，例如猫长着毛茸茸的毛、顶着一对三角形的耳朵等，然后计算机根据这些指令执行下去。但是，如果我们对程序展示一只老虎的照片，程序应该如何反应呢？更何况通过传统方式要制定全部所需的规则，在此过程中必然会涉及一些有难度的概念，比如对毛茸茸的定义。因此，更好的方式是让机器自学。我们可以为计算机提供大量的猫的照片，系统将以自己特有的方式查看这些照片。随着实验的反复进行，系统会不断地学习，最终能够准确地判断出哪些是猫，哪些不是猫。

我们不给机器规则，取而代之，我们"喂"给机器大量的针对某一任务的数据，让机器自己去学习，继而挖掘出规律，从而具备完成某一任务的智能。机器学习是通过算法，使用大量数据进行训练，训练完成后会产生模型，将来有新的数据进来，就可以预测出其包含的内在规律。

机器学习的常用方法主要分为监督式学习（Supervised Learning）和无监督学习（Unsupervised Learning）。

1. 监督式学习

监督式学习就是人们常说的分类，监督式学习需要使用有输入和预期输出标记的数据集。比如，如果指定的任务是使用一种图像分类算法对男孩和女孩的图像进行分类，那么男孩的图像需要带有"男孩"标签，女孩的图像需要带有"女孩"标签。这些数据被认为是一个训练数据集，通过已有的训练数据集（已知数据及其对应的输出）去训练，从而得到一个最优模型，这个模型就具备对未知数据进行分类的能力。它之所以被称为监督式学习，是因为算法从训练数据集学习的过程就像是一位老师正在监督学习。在我们预先知道正确的分类答案的情况下，算法对训练数据不断进行迭代预测，然后预测结果由"老师"进行不断修正。当算法达到可接受的性能水平时，学习过程才会停止。

在人对事物的认识中，我们从小就被大人教授这是鸟、那是猪、那是房子等。我们所见到的景物就是输入数据，而大人对这些景物的判断结果（是房子还是鸟）就是相应的输出。当我们见识多了以后，脑子里就慢慢地得到了一些泛化的模型，这就是训练得到的那个（或者那些）函数，从而不需要大人在旁边指点，孩子也能分辨出哪些是房子，哪些是鸟。

2. 无监督学习

无监督学习（也叫非监督学习）是另一种研究得比较多的学习方法，它与监督学习的不同之处在于我们事先没有任何训练样本，需要直接对数据进行建模。这听起来似乎有点不可思议，但是在我们自身认识世界的过程中，很多地方都用到了无监督学习。比如，我们去参观一个画展，我们对艺术一无所知，但是在欣赏完多幅作品之后，也能把它们分成不同的派别（比如哪些更朦胧一点，哪些更写实一些，即使我们不知道什么叫作朦胧派，什么叫作写实派，但是至少我们能把它们分为两类）。

6.6.2 什么是深度学习

要说明什么是深度学习（Deep Learning，DL），首先要知道机器学习、神经网络、深度学习之间的关系。

如图 6-10 所示，深度学习属于机器学习的子类。它的灵感来源于人类大脑的工作方式，是利用深度神经网络来解决特征表达的一种学习过程。深度神经网络本身并非是一个全新的概念，可理解为包含多个层的神经网络结构。为了提高深层神经网络的训练效果，人们对神经元的连接方法以及激活函数等方面做出了调整。其目的在于建立、模拟人脑进行分析学习的神经网络，模仿人脑的机制来解释数据，如文本、图像、声音。

图 6-10

如果是传统机器学习的方法，我们首先会定义一些特征，比如有没有胡须、耳朵、鼻子、嘴巴的模样等。总之，首先要确定相应的"面部特征"作为机器学习的特征，以此来对对象进行分类识别。

现在，深度学习的方法更进一步。深度学习会自动找出一个分类问题所需要的重要特征，而传统机器学习则需要人工给出特征。

深度学习是如何做到这一点的呢？以猫狗识别的例子来说，按照以下步骤：

（1）确定有哪些边和角跟识别出猫和狗的关系最大。

（2）根据上一步找出的很多小元素（边、角等）构建层级网络，找出它们之间的各种组合。

（3）在构建层级网络之后，就可以确定哪些组合可以识别出猫和狗。

深度学习的"深"是因为它通常会有较多的层，正是因为有这么多层存在，深度学习网络才拥有表达更复杂函数的能力，才能够识别更复杂的特征，继而完成更复杂的任务。

深度学习十分地依赖于高端的硬件设施，因为计算量实在太大了。深度学习中涉及很多矩阵运算，因此很多深度学习都要求有 GPU（Graphics Processing Unit，图形处理器）参与运算，因为 GPU 就是专门为并行运算而设计的。所以与 CPU 擅长逻辑控制、串行运算不同，GPU 擅长的是大规模并发运算。传统的机器学习算法只需要一个体面的 CPU，就可以训练得很好。深度网络需要高端 GPU 在大量数据的合理时间内进行训练，这些 GPU 非常昂贵，假如没有使用 GPU 来训练深层网络，在实践中几乎是不可行的。

6.7　云原生 AI，加速实现人工智能的落地创新

在《中华人民共和国国民经济和社会发展第十四个五年规划和 2035 年远景目标纲要》以及《"十四五"数字经济发展规划》中反复提到增强以人工智能、云计算为代表的关键技术的创新能力，并且加快推动这些创新技术与产业和各个行业的结合。在数字经济蓬勃发展、数字化转型不断深入的背景下，数字化、智能化转型成为企业的工作重点之一，数字化创新能力成为企业的核心竞争力之一。人工智能的发展从初期的概念时期，到广泛的场景切入，再到融合在各个行业的业务中的全面落地阶段——智能家居、智能金融、自动驾驶、智慧医疗、智能零售、智能制造、智能交通等行业都在广泛应用深度学习和机器学习技术。人工智能开发领域的发展呈现数据量和模型规模越来越大、模型训练要求速度越来越快的特点。然而资源利用率低、应用成本高、性能不足、落地困难等工程化问题阻碍了人工智能应用的落地。作为企业未来数字化创新核心开发方式的云原生开发方式，在优化 AI 成本和效能、增强 AI 处理性能、简化 AI 开发部署等方面卓有成效，加速实现人工智能在各行各业的落地创新，促使人工智能发挥更大的社会经济价值。

云原生与 AI 最重要的结合就是改变了原来本地化、相互割裂的 AI 开发、训练、部署模式，使 AI 产品从开发到落地全流程更方便、更统一、更高效。让数据准备、算法开发、模型训练、模型推理以及围绕 AI 的代码和资源共享，使 AI 开发全链条产生质的飞跃。

1. 云原生数据管理，简化数据准备到使用的流程，降低开发成本

人工智能开发过程中伴随着数据规模及种类的急速增长，数据准备的工作量和难度越来越大。针对实际业务场景面临的数据采集难、数据质量差、数据冗余大、标签少、数据分析难等问题，云原生可以使 AI 数据管理更加系列化和智能化，简化数据准备过程，大幅降低开发成本，提升开发效率。

2. 开箱即用，使用云原生 AI 开发环境，解放开发者生产力

传统的 AI 开发过程复杂，涉及海量数据处理、模型开发、训练加速硬件资源、模型部署服务管理等环节。云原生使 AI 开发过程的简化成为可能，让算法工程师聚焦算法开发和业务实现，提升工作效率。

3. 资源动态扩展，参数自动调优，助力普惠 AI

基于云原生的 AI 训练将具备弹性资源的能力，训练作业可以充分利用闲置 GPU 资源提升训练性能。在常见的图像识别场景下，通过云原生 AI 开发平台，可以从单节点动态扩展到多节点，实现 N 倍的训练性能加速，同时保证 GPU 资源的充分利用；基于云原生的训练平台还可以提供训练过程中的自动调参能力，使得用户无须修改代码，即可根据自定义的搜

索目标和超参搜索，相比人工调优而言，可以提升几倍的搜索速度，并且可以极大地减少调试等待时间。

我们可以看到云原生技术底座结合 AI 优化的能力，在提高资源的处理性能以及效能、降低成本、提升 AI 训练速度、推动整个流程的自动化水平、实现推理服务更快地更新和上线、降低开发难度上都有非常明显的优势。

中国 AI 公有云服务市场是一个快速增长的新兴市场，它在整体人工智能市场的占比不断上升。活跃在 AI 公有云服务市场的公有云服务厂商纷纷推出了自己的云原生 AI 产品和解决方案，这些厂商提供的是全栈的云原生 AI 解决方案，不仅能够提供云原生基础架构，还可以提供 AI 开发能力和环境，并且活跃在云原生社区中，因此在云原生 AI 市场中具有较强的综合能力。根据 IDC 的调研数据，未来两年采用云原生技术支持 AI 应用场景的企业数量会翻倍，这说明企业开始认识到云原生 AI 对于加速 AI 落地的意义。云原生化和人工智能的落地不只是技术问题，还涉及组织架构的调整、企业文化的适配、人才的培养和相应的考核体系的革新，因此应该把其视为企业数字化转型和未来创新中的重要一环，上升到企业整体的数字化战略层面。

6.8 人工智能和虚拟数字世界

乔布斯曾提出一个著名的"项链"比喻，iPhone 的出现串联了多点触控屏、iOS、高像素摄像头、大容量电池等单点技术，重新定义了手机，开启了激荡十几年的移动互联网时代。现在，随着算力的持续提升、VR/AR、区块链、人工智能等技术创新逐渐聚合，虚拟数字世界也走向了"iPhone 时刻"。其中，人工智能更是技术抓手，对虚拟数字世界的发展具有关键作用。

首先，人工智能是虚拟数字世界内容生成的强赋能者。

人工智能能够大幅提高内容创作效率。一方面，利用 AI 自动化生成内容或进行内容增强。譬如，从简单的随机物体摆放，到全自动生成场景、建筑、物品、外形等，或是通过 AI 算法增强内容呈现质量，扩展人们的视觉边界。另一方面，AI 辅助内容创作。譬如，一种基于生成式对抗性网络的智能画笔，可以将只有一些轮廓和颜色的草图转化为高质量的图片。用户只需要画出一些线条、颜色，然后指定特定部分为内容元素，譬如天空、水、岩石等，AI 就可以自动"脑补"进行细节填充。此外，还有 AI 配音、2D 快转 3D，或由 AI 代替人类测试员对元宇宙世界进行安全、Bug 等漏洞检测等，都是 AI 赋能内容生成的具体表现。

其次，人工智能是真实世界和虚拟世界的连接器。

随着数字化转型的深入，现实世界的各种要素都可以"搬到"虚拟世界中，同时虚拟世界创设的内容又可以通过不同的载体投射到现实世界中，进而对现实世界产生影响。在这个过程中，人工智能所扮演的角色就是真实世界和虚拟世界的连接器。

通常来说，建立虚实融合的数字世界需要三个步骤：第一步是场景的数字化，就是我们熟悉的像素化、3D 化。第二步是要素的结构化，就是将第一步数字化得到的大量非结构化数据，结合智能感知和分析，从而理解、抽取为对人类有意义的元素，即转化为结构化数据。在真实世界的各种场景中，有超过 80% 的结构化应用都是低频、长尾的，因此需要大规模 AI 赋能。第三步是流程的可交互化。只有基于可交互的流程，才能去做业务流程的重塑和自动化。这一步也是基于上一步得到的结构化数据进一步实现应用端的决策智能。

再次，人工智能提升人机交互体验。

人工智能为虚拟数字世界中的"原住民"植入了"AI 大脑"，使它们拥有独立的沟通和决策能力，可以通过判断人类意图和需求适时、准确地给予回应，使得人机交互更加智能，并可以通过不断学习和自我强化升级成为虚拟数字世界的 AI 代理人，为人们提供各类咨询和服务。未来，这些 AI 代理人或成为人们在元宇宙中获取服务和信息的超级 AI 助手。

可以说，人工智能将会贯穿虚拟数字世界整条生态链。如果没有人工智能，就很难创造出引人入胜、真实且可扩展的虚拟数字世界体验。

第 7 章
区块链技术——数字世界的"新基建"

要打造一个虚拟的数字世界，所有人都要参与其中的话，首先得解决一个问题，就是所有的人信任这个世界。区块链就能解决这个根本性的问题，它可以理解为一种公共记账的技术方案，其基本思想是：通过建立一个互联网上的公共账本，由网络中所有参与的用户共同在账本上记账与核账，每个人（计算机）都有个一样的账本，所有的数据都是公开透明的，并不需要一个中心服务器作为信任中介，其交易通过密码学算法连接在一起，使得整个账本公开透明，不可篡改（因为你能篡改一个人的账本，但无法篡改每个人的账本）。区块链技术将成为虚拟数字世界的经济体系的实现工具，如果不支持区块链，虚拟数字世界中使用的资源或商品的价值就很难得到认可，也很难产生与实体经济相当的经济互动。

7.1 揭开区块链的神秘面纱

7.1.1 区块链的定义

我们用一个故事来阐述区块链的定义。假如你现在在上大学，你们寝室是标准的 4 人寝，除了你之外，还有小李、小张和小赵 3 个室友。平时你们内部的活动很多，于是经常会有人垫付饭钱、车费和水电费。你们发现，如果每次消费后都要一一计算交结，则会非常麻烦，于是你们决定采用记账的方案。你们买了一个公共的账本，每次产生消费后，就由付钱的人在账本上记清楚，谁应付给自己相应的金额。如此一来，只要每月月末统一结算即可，大大节省了时间和精力。时间一长，你们发现在纸上记账还是麻烦。于是你们改成在计算机中建立一个 Excel 表格。

问题是，如果你们寝室里有个人不厚道，偷偷修改账本怎么办呢？例如小李把自己要付的钱记在了小赵头上。如果这个问题不能得以解决，那么这个账本的信用将会大打折扣。

区块链采用的解决方案就是，给 4 个人每人都配备一个账本。需要记录时，就由对应的操作人高喊交易内容，广播给寝室里的所有人。

例如，小李高喊："小李需要支付给小赵 30 元"，然后寝室里其他人听到了，就在各自的账本上记下，"小李需要支付给小赵 30 元"。如此一来，就算小李故意使坏，把自己要付的钱记在别人身上，那也只能篡改自己的账本。这样到月底时，小李的账本和其余 3 个人的对应不上，便能知道小李的账本有问题。

但这个系统仍然存在一个问题，如果小李恶作剧，不负责任地乱喊："小赵需要支付给小李 100 元"。如此一来，很可能会有不明真相的舍友记录下来。因此，分布式的账本还有一个急需解决的问题，如何确认收到的一笔交易记录是否有效？

这个问题在纸质账本里很好解决，那就是在每一条记录后由需付款的一方加上自己的手写签名，以示自己认可这笔记录。这个思路换到计算机中就是数字签名，所以我们要求每一笔记录后面都要由需付款的一方加上自己的数字签名。数字签名就是只有信息的发送者才能产生的、别人无法伪造的一段数字串，这段数字串同时也是对信息的发送者发送信息的真实性的有效证明。它是一种类似于写在纸上的、普通的物理签名，但是使用了加密领域的技术来实现。

从字面上看，区块链是由一个个记录着各种信息的小区块链连接起来组成的一个链条，类似于我们将一块块砖头叠起来，而且叠起来后没办法拆掉，每个砖头上面还写着各种信息，包括谁叠的、什么时候叠的、砖头用了什么材质等，这些信息没办法修改。

从计算机上看，区块链是一种比较特殊的分布式账本。分布式账本是分布在多个计算机设备上的数据库，这些计算机设备在地理上分布在多个网站、机构或国家。每个计算机设备复制并保存相同的账本副本，账本中的数据共享。账本里的任何改动都会在所有的副本中被反映出来。举一个形象的例子，将"阿青结婚"比喻成"记账内容"，他结婚的消息被广而告之就是"分布式记账"，假如他这个"爱情骗子"看上了圈子里的另一位姑娘，他告诉那位姑娘说自己还是单身以追求人家，那么"他还是单身"就是"虚假的记账内容"，很难奏效，因为大家都知道他已经结婚了，除非他能改变大家对他已经结婚的共识，但是这个很难。分布式账本中的每条记录都有一个时间戳和唯一的密码签名，这使得账本成为网络中所有交易的可审计历史记录。

总的来说，区块链就是一种去中心化的分布式账本，按照时间顺序将数据区块以顺序相连的方式组合成的一种链式数据结构，以密码学保证数据不可篡改和不可伪造的分布式账本。

7.1.2　区块链和比特币的关系

比特币（Bitcoin，BTC）是世界上第一虚拟货币，是基于区块链技术的一种实现。2009年 1 月 3 日，一位天才大神"中本聪"（网名）发布了开源的第一版比特币客户端，并通过"挖矿"得到了 50 枚比特币，由此产生的第一批比特币区块被称为"创世区块"。比特币的发明就是基于区块链的技术，区块链就是比特币的底层。

我们先以比特币入手谈谈比特币是怎么利用区块链技术的。

假设 2006 年世界杯决赛期间,意大利对阵法国,两个互相不认识的足球迷碰面了,法国球迷说"我们法兰西有齐达内"肯定赢你们意大利,意大利球迷不服气说"我们意大利是战无不胜的,不信咱俩赌 100 欧元"。现实世界里,怎么办呢?

- 双方都讲信用,赛后法国球迷会规规矩矩地把 100 欧元给这个意大利球迷。
- 输的一方不讲诚信,溜了。那这个赌是不是白打了,最后就捞了个口嗨。
- 双方提前把钱给第三方,让这个第三方来做裁判,结果出来后裁判把钱全部给赢的一方。

之前讲过我们搞计算机的,90% 以上的时间都在处理异常情况,如果人类都很讲信用的话,那么这个世界可能就不是现在这样的了。秦国当年许给楚怀王的 600 里地就不是 6 里了,说不定统一中原的就是楚国了。如果把钱交到第三方手里,万一第三方把钱私吞了、跑了,怎么办?所以现实世界单靠一颗善良的心是不行的,必须有手段稳稳地保证这个承诺,比如法律契约。如今很通用的做法是第三方找权威机构,比如政府、银行等,或者找个有头有脸的人或组织,归根结底还是找个有公信力的机构或人。但一般情况下,这个第三方肯定会"雁过拔毛",收取一定比例的手续费。

到底还有没有办法来解决这个难题呢?这就是比特币最初设计的一个初衷,解决两个陌生人之间的信任问题。

1. 比特币是怎么解决信任问题的

采用"加密算法 + 多人记账"的方式。

1)加密算法

首先讲加密算法,这里要用到之前提过的非对称加密,即公钥和私钥。每个人都可以有一对或多对公钥和私钥,但一个公钥只能有一个对应的私钥,反之亦然。其原理就是两个非常大的质数(p 和 q)相乘得到一个数字(n),如果要根据公钥破解私钥的话,理论上必须暴力破解,算出这个数字是由哪两个大质数相乘得来的。目前世界上没有公布可以破解 1024 位以上的私钥,所以采用 1024 或者 2048 甚至更长的私钥是非常安全的。

有了公钥和私钥,我就可以用私钥加密,然后发布公钥,任何人都可以用我发布的公钥解密来确定这就是我本人发布的东西。同理,别人给我的转账,我也可以用他的公钥解密,从而判断这就是某人的身份,这也叫数字签名。原理都是一样的,都是加密算法,是利用数学欧拉公式、质数相乘等原理得到的。这是一个非常伟大的算法,叫 RSA,由 3 个数学家提出,我们普通人只要理解公钥和私钥的概念和用处就好了。

2）多人记账

在之前的传统模式里，银行或者政府机构都有自己单独的账本，比如王五转给了马六100 元，账本里怎么记呢？在王五的账户里扣除 100 元，在马六的账户里增加 100 元，对吧？

多人账本也是一样的道理，只不过从之前的中心化机构变成了分布式、去中心化的多个机构甚至个人。好比杜甫给李白转了 520 两银子，以前是财政部记账，区块链里则是唐太宗、杨玉环、高力士、贺知章等多个人一起记账，记到"杜甫转给了李白 520 两银子"，以此为证，后面附有杜甫的印章。这样一来，有了多个账本，想要篡改就难于登天了，杜甫可以放心地转给李白，并且不用担心他会篡改金额或者抵赖。

这样做就可以解决开始提到的球迷打赌的问题，但还有个问题，别人为什么要帮我们记账？

2. 为什么别人要帮忙记账

答案是有报酬。这符合人性，不然谁肯帮忙记一笔跟自己没关系的账呢？

但最终记账的人有且只有一个，否则就要乱套了。

在有好处的前提下，如何保证哪个人来记账呢？这里涉及一个数学知识，每个要记账的人其实也就是所谓的矿工，他在记账前必须解一个数学问题，这个数学问题没有取巧的办法，只能通过把数字代入公式中硬算，算法就是一个 Hash（哈希）算法，类似于算一串数字出来，矿工只能猜，除此之外别无他法。而且目前在比特币中，猜到的概率是万亿分之一，大概一台普通计算机要持续不断地猜一年，才能猜出这个数字。

但世界上有成千上万台计算机，它们如果一起算的话，速度会快很多，因为从概率上讲，肯定会有一个计算机算出来，现实情况也是如此。下面看一个比特币真实的例子，如图 7-1 所示。可以看到 Miner（挖矿人）是谁，这个块里包含多少笔交易（Number of Transactions）。

所谓"挖矿"，就是利用专业计算机对数字账本进行记账的行为。作为矿机贡献算力的回报，区块链网络会根据矿机提供的运算能力的大小发放相应的数字货币奖励，这个过程就被称为挖矿。简单来说，就像在算一道数学题，谁能算得既快又好，并且算对了，就会获得比特币的奖励。而获得比特币奖励的人就被称为"矿工"。比特币发展到现在，已经不是以小博大的时候了。要知道，投资建设一个专业"矿场"，投入的金额往往需要数百万甚至上千万。而比特币越到后期越难挖，也就是说挖矿机构的投资回报比会随着时间流逝变得越来越低，甚至不少挖矿机构可能会出现无法收回成本的情况。

如果这个矿工是个别有用心的人，他在算出来后私自篡改转账记录和金额怎么办？关于"篡改交易记录和金额"的问题，前面我们介绍了公私钥加密技术，矿工本身理论上是没有发款人或收款人的私钥的，所以他篡改过的交易记录在用正确的公钥解密的时候会出错，最终会被认定非法。

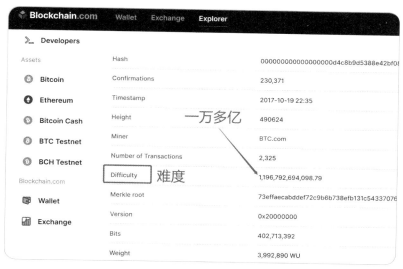

图 7-1

另外，假设一个场景，张某要在北京五环买一套两室一厅的房子，但张某不想出这笔钱，还想白占房子，他想到了一种偷鸡摸狗的办法，就是篡改交易记录。理论上，在张某付款后，这个记录产生但并未确认，记录需要等到一个解出谜题的矿工来做，假设这个矿工是自己人，他让矿工把这条记录篡改掉，比如确认区块有记录，房东看到记录，然后过户，最后试图篡改。

众所周知，比特币挖矿需要很长一段时间，因为要做很麻烦的数学题，现在这个周期大概是 10 分左右，这是基于全世界几十万矿机同时满负荷工作的前提下。也就是说，每 10 分有上万笔交易会被统一确认，并放到一个不可改变的区块里，并且这几十万台矿机同时更新自己本地的记录。如果这笔交易刚生成，房东看到了，然后下一秒就把产权过户给张某，那么张某想篡改这个付款记录，他必须满足以下几个条件：

（1）下一次算出答案的矿机必须是自己人。

（2）有超过一半的节点（账本）承认这笔交易不存在。

成功的难度取决于在篡改的记录之后有多少个被确认过的区块。如果只有一个，那么太简单了，因为区块链算法默认矿工在发布新的区块时，采用第一个收到且较长的区块。所以这次修改后就一劳永逸，因为所有的账本都会被同步，但也有一个问题，就是这次同步会被记录，如果房东查不到账，张某最终还是会被抓起来。比如张某转完账后，房东在确认转账后 1 小时才做的产权过户，那么张某就必须篡改之前好几个区块的信息，这很麻烦，因为每一个区块都会有一个本区块的哈希值以及上一个区块的哈希值。

区块链通过哈希函数算法对一个交易区块中的交易信息进行加密，并把信息压缩成由一串数字和字母组成的散列字符串（哈希值）。区块链的哈希值能够唯一且精准地标识一个区块，区块链中任意节点通过简单的哈希计算都能获得这个区块的哈希值，计算出的哈希值没有变化，也就意味着区块链中的信息没有被篡改。所以，如果试图修改一个很久以前的区块，那么后面的区块的哈希值都会改变。

哈希函数的主要作用是用来检验数据的完整性，其运算结果具有不可逆性。如果一段文章被更改，哪怕只更改某段落的一个字母，随后的哈希都将产生不同的值。要找到哈希值为同一个值的两个不同的输入，在计算上是不可能的，所以数据的哈希值可以检验数据的完整性。

其他节点是可以报告区块链被篡改的信息的。这就涉及最重要的一点，经常有人提到的 51% 算力，就是说如果张某拥有超过 50% 的账本都承认这次修改，那么其他节点按照算法设计也会承认这次修改。不过，先不谈世界上基本没人可以同时做到以上两点，就算做到了，如果有人对此产生疑问，依然可以把系统强制修复。

这里区块链系统能够让所有人的账本保持一致。这种让所有节点数据保持一致的机制，我们称为共识机制。采用不同的共识算法能够实现不同性能的共识效果，其最终目的都是保持数据的一致性。比特币的共识机制是 POW（工作量证明机制），采用工作量证明机制让矿工互相间竞争求解一个数学题，谁先解出来了，谁的区块就会被所有人认可。

"中本聪"决定采用工作量证明机制的时候，出发点是避免系统受到攻击。"中本聪"认为，如果一个攻击者想用搞乱账本的方式来进行攻击，那么他就需要有足够的计算能力。这就如同有 10 个人共同见证了两个人的交易，并一起确认这笔交易的合法性，同时每个人都维护了一份账本，这笔交易会记录到每个人各自维护的同一套账本上，如果有人要违约或篡改交易数据，他需要同时改掉至少 6 个人的账本（少数服从多数）。否则，如果只改自己的那一份账本，别人很容易就能看出他的作弊行为。这样，他就需要付出巨大的成本，但是换回的收益并不足以抵消成本，因此攻击者是没有攻击比特币系统的经济学动力的。

应用区块链技术实现的比特币的特征，可以很好地实现公开、公正、中立和平等。世界上任意两个陌生人都可以依赖比特币或者其他区块链技术实现互相信任。转账记录中的收付款人也只显示公钥地址，没有姓名、住址等敏感信息，而且每个持有人可能会有许多个不同的公钥和私钥对，在比特币里这些概念被称作地址（Address）。转账就是从一个地址到另一个地址，都是匿名化的。虽然交易很难篡改，但如果一个人的私钥泄露了或者他想不起来了，那么他在比特币里的交易和财产也就化为泡影了，因为这个世界上没有第二个人知道你的私钥是什么样的。这也是比特币很难解决的一个问题。反观现有的银行或者权威机构，可以通过其他手段证明你的身份，然后帮助你重置密码，最终恢复原本属于你的财产。

比特币发明之后，很多人参考比特币中的区块链实现，使用类似的技术实现各种应用，这类技术统称为区块链技术。事实上，区块链相关技术在此之前已经使用过了。"中本聪"提出的比特币概念的创新之处在于：从经济运行角度构建了一套能够完美融合这些技术的体系，实现了技术与经济的完美融合。

7.1.3 以太坊是什么

我们先看看以太坊（Ethereum）是什么？

以太坊是一个建立在区块链技术之上，去中心化的应用平台。它允许任何人在平台中建立和使用通过区块链技术运行的去中心化应用。可能这里定义得有些模糊，不妨这样理解：以太坊就是区块链里的安卓（Android），它就是一个开发平台，让我们可以很方便地基于区块链技术编写应用程序，比如大家熟悉的发币，就是通过以太坊这个主链，根据以太坊的平台来编译其他数字货币程序的。

在没有以太坊之前，写区块链应用是这样的：复制一份比特币代码，然后改写底层代码，如加密算法、共识机制、网络协议等（很多山寨币就是这样的，改写一下就出来一个新币）。而以太坊平台对底层区块链技术进行了封装，让区块链应用开发者可以直接基于以太坊平台进行开发，开发者只需要专注于应用本身的开发，从而大大降低了难度。目前围绕以太坊已经形成了一个较为完善的开发生态圈，有社区的支持，有很多开发框架、工具可以选择。

什么是智能合约呢？以太坊上的程序称为智能合约，智能合约可以理解为在区块链上可以自动执行的（由事件驱动的）、以代码形式编写的合同（特殊的交易）。智能合约非常适合对信任、安全和持久性要求较高的应用场景。以太坊的本质是一个编程可视化且操作简单的区块链，允许任何人编写智能合约和发行代币。和比特币一样，以太坊也是去中心化的，全网共同记录以太坊的所有情况，而且公开透明，不可篡改。

你还是想问，以太币和比特币的不同之处在哪？通俗地讲，你可以把以太坊理解为能够编程的区块链，它提供了一套完备的脚本语言，后续的开发人员可以直接在这个基础上进行编程，由此降低了区块链应用的开发难度。这样的逻辑就好像在手机的安卓系统上准备好了应用接口，用户直接开发 App 就可以。从以太坊诞生之初到现在，以太坊上已经诞生了几百个应用。

7.1.4 一地鸡毛 ICO

ICO（Initial Coin Offering，首次币发行）源自股票市场首次公开发行（IPO）的概念，是区块链项目首次发行代币，募集比特币、以太坊等通用数字货币的行为。你可以理解为，其他人或者其他机构为了某种目的创建一个新的区块链网络，在这个网络上流通使用新的货币。为了进行区块链网络建设，需要募集资金，募集的方法就是将在这个区块链网络上流通使用的代币，按照一定的比例兑换为比特币或者以太币。

以太坊的出现降低了 ICO 的门槛。以太坊推出了 ERC 20 token 标准（token，通常译为代币或通证，是一种权益证明）。这就让以太坊变得像是一个允许大家开发各种程序的开源安卓系统一样，以太坊也允许想做项目、需要钱的人去开发基于以太坊的 token。token 如果符合标准，就可以公开发售，为项目筹集资金，而且这个发售的过程不需要第三方监督，可以自动完成。

投资人用真金白银买比特币和以太币，把币打到项目方公布的智能合约地址上，智能合约会自动把项目方发售的 token 发给投资人，这笔交易就完成了。token 一路飙涨，这就让发 ICO 的人账面收益非常可观，毕竟他们持有 token 的成本几乎为零。很多项目还没开始做，只是写了一个白皮书，给大家讲了一个商业模式的故事而已。另外，在比较早的时候认购 token 的人，低买高卖，也赚到了差价，收割了一笔财富。一个接一个的暴富神话让加密虚拟货币这种原本是圈内非常小众的东西，突然以一个致富捷径的形象曝光在了几十亿人面前。就像过去无数个被吹起的商品泡沫一样，它激发、利用了人性的贪婪与欲望，而贪婪与欲望也一步一步地助长着它的气焰，最终走向疯狂。

2013 年 12 月 5 日，人民银行等五部委发布《关于防范比特币风险的通知》，强调"比特币不是由货币当局发行，不具有法偿性与强制性等货币属性，并不是真正意义的货币。从性质上看，比特币是一种特定的虚拟商品，不具有与货币等同的法律地位，不能且不应作为货币在市场上流通使用。"

2021 年 5 月，中国互联网金融协会、中国银行业协会和中国支付清算协会联合发布公告，要求会员机构不得开展虚拟货币交易兑换及其他相关金融业务。当月，国务院金融稳定发展委员会也明确要求打击比特币挖矿和交易行为。

2021 年 9 月 24 日，央行在其官网公布了《关于进一步防范和处置虚拟货币交易炒作风险的通知》，进一步明确虚拟货币及相关虚拟货币活动的属性，明确了应对虚拟货币交易炒作风险的工作机制，并提出加强对虚拟货币交易炒作风险的监测。

当前，虚拟货币市场鱼龙混杂，虽然有比特币、以太币等成熟案例，但其中充斥着以"区块链＋虚拟货币"的名义进行非法集资、传销等违法活动。而反观市场，越来越多对区块链所知甚少、风险承受能力较低的普通民众参与进来。因此，为了保证金融市场的稳定，我国对虚拟货币的投资一直是明确的、一贯的，即对其加以诸多限定，不纵容投资者过度的"热情"，坚决打击交易炒作行为。

7.2 区块链的特征和分类

7.2.1 区块链的主要特征

区块链借助互联网能实现信息的全网同步和备份，并且可以使得交易者之间的信任机制得以建立。其特征主要概括为以下几个方面：

（1）去中心化。也就是说，通过网络记录的每笔交易不存在任何中介机构，所有交易的发生都是交易人直接交易，并按照交易时间被记录在交易人手机或计算机的客户端程序中。从这一点可以看出，区块链可以绕开中介机构展开交易，从而避免中介交易的风险。

（2）不可篡改和可追溯。每一笔网络交易都会有发生的时间，从而构成一个数据块，并运用密码技术予以加密。区块链就是将每一个数据块按照时间发生的先后顺序线性串连起来。由于时间的不可逆性和不可更改性，使得区块链具有不可篡改的特点。也就是说，所有人的所有交易都被记录在案。如果在某个交易环节出现造假情况，我们完全可以通过区块链条进行精准识别，实现交易的可追溯，从而保证交易的真实性、可靠性。

（3）信息的共享和透明。这主要指网络中的所有人都能看到所有的交易记录，都能共享数据账本，所以当某个区块数据出现问题时，并不会导致所有交易记录和数据资产遭到破坏。因此，基于区块链的这些特征，网络交易者之间可以建立起一定的信任机制，从而可以简化交易流程和审批程序，形成便捷、高效、透明的工作机制。

7.2.2 区块链的分类

按照区块链的开放程度来划分，可以分为 3 种类型：公有链、私有链、联盟链。公有链、联盟链、私有链在开放程度上是递减的，公有链开放程度最高、最公平，但速度慢、效率低；联盟链、私有链的效率比较高，但弱化了去中心化属性，更侧重于区块链技术对数据维护的安全性。

公有链：任意区块链服务客户均可使用，任意节点均可接入，所有接入节点均可参与读写数据的一类区块链部署模型。

私有链：仅限单个客户使用，仅获授权的节点才可接入其中，接入节点可按规则参与读写数据的一类区块链部署模型。

联盟链：仅限一组特定客户使用，仅授权节点可接入其中，接入节点可按规则参与读写数据的一类区块链部署模型。

由于技术方案的差异，因此公有链、私有链和联盟链的应用场景也有所不同。公有链主要用于社会生活和现代商业领域。私有链主要用于企业数据库管理、审计等内部工作环节，还可以用于政务场景中。联盟链主要是机构与机构之间的特定应用，可用于供应链金融、电子取证等业务中。这 3 种区块链相较而言，都有各自的优势和劣势。

公有链的优势是去中心化程度高，劣势是对硬件性能要求高、处理速度慢。私有链则是完全不开放，对私有节点的控制高度集权化。联盟链可被理解为介于公有链和私有链之间的一种折中方案。联盟链的优势是兼顾公有链的去中心化、私有链的高效，它的劣势是部分去中心化，节点有限。

相比于公链技术，联盟链定位为有业务联系的各参与方建立的区块链准入系统，各个节点通常有与之对应的实体机构组织，通过授权后才能加入与退出网络，实现了在业务系统内去中心化程度较高，系统外又便于中心化管理的整体功能，更符合我国的国情与商业特征，在近年来备受追捧。

7.3 区块链的应用场景

7.3.1 区块链 + 医疗

随着时代的发展，医疗水平也在高速发展着。目前，医疗数据的安全一直是一个问题，医疗信息具有特殊性和私密性，一旦泄露便会给医院和病人带来困扰，不法分子便能通过这些信息谋求利益。区块链具有不可篡改的特性，采用加密的数据分布式存储极大地提高了数据的安全性。

区块链在医疗的应用场景及解决方案说明如下。

1. 医药临床试验和人口健康研究

区块链技术能够提供实时可追踪的临床试验记录、研究报告和结果，且这些数据不可变，为解决结果交换、数据探测和选择性报告等问题创造了可能，从而减少临床试验记录中的造假和错误。在精准医疗和人口健康管理等领域的医疗研究创新上，区块链系统还能推动临床试验人员与研究人员之间的高度协作。

2. 药品供应链的完整性与药品防伪

据行业估测，全球医药公司因为假药问题，每年要损失 2000 亿美元。在发展中国家，市面上 30% 的药都是假药。如果采用区块链系统，那么药品从供应链出发，到流入个体消费者手中，整个过程的每一个流通环节都能保证是可验证且无法造假的，这就杜绝了假药。

3. 电子健康病例

所谓的电子健康病例，就是将患者的病例信息转变为电子档案，也是基于区块链技术进行病例存储的。过去患者的病例信息都存储在医院的信息系统中，病人不能随时查看自己的病例信息，如果患者在不同的医院进行过治疗，那么两个医院间的信息也是不互通的。而且信息存储在医院也不安全，别人可以随意更改和伪造。区块链就可以解决上述种种问题。基于区块链去中心化、数据防伪造和防更改等特性，可以完美地解决不同医院数据不能共享和伪造等问题。这样患者本人可以有一个详细的病例信息并能随时查看。

4. DNA 钱包

运用区块链去中心化、信息不可更改的特性，可以开发 DNA 信息存储库，对基因和医疗数据进行有效存储。同时对存储的信息进行密钥加密，这样既保证了 DNA 信息的存储，也保证了私人信息的安全。这样可以方便、快捷地对基因信息进行数据共享，并且方便生物医药公司进行数据采集，以提高研发效率。

7.3.2 区块链 + 教育

工信部颁布的《中国区块链技术和应用发展白皮书》指出，"区块链系统的透明化、数据不可篡改等特征，完全适用于学生征信管理、升学就业、学术、资质证明、产学合作等方面，对教育就业的健康发展具有重要的价值。"

在全民教育时代，教育行业可谓是个庞大的市场。如何通过科技手段更好地优化现有的教育模式已成为值得探讨的话题。区块链 + 教育则被寄予了颠覆传统的厚望。

我们可以看到，在现行的教育管理体制下，不仅存在着大量成绩造假、学历造假、认证困难、论文抄袭等问题，就拿获取教育资源来说，由于接受高质量教育是普遍诉求，衍生出来的问题就是学校招生管理混乱，以及教育资源分配不公平。此外，面对庞大而鱼龙混杂的教培机构市场，如何有效治理则成了监管部门亟待解决的问题。

由此，区块链 + 教育实际上可在如下几大应用体系发挥重要作用：数据存储及征信体系、教育资源的确权管理以及教育行业的柔性监管。

1. 数据存储及征信体系

首先，存储和记录可信的学习数据。利用区块链的分布式存储记录特性来记录学生的个人信息、学习成绩、成长记录等内容，可为个性化的教育教学提供过程性诊断，也可应用于学生档案的创建，提升学校治理体系和能力现代化等。

就以常见的"错题库"为例，采用区块链系统记录学习行为数据，每个学生都可在保护个人隐私的前提下，共享错题数据，并保证数据来源的真实、准确，从而实现精准的学习路径推荐和教学质量提升。

其次，还可将学生成绩、个人档案和学历证书存储在区块链上，从而防止信息的丢失或被恶意篡改，构建一个安全、可信的学生信用体系，有力解决学历造假问题。

2. 教育资源的确权管理

实际上，基于区块链的教育资源的确权管理既能保障资源供给方的知识产权，又能提升教育资源的质量，还能扩大教育资源的共享范围。

从知识产权来说，在网络技术发达的今天，众多教育资源（如原创网络课程、个人作品等）都存在被盗用的情况，打击了作者创作的积极性。基于区块链技术的公开透明、可追溯、不可篡改的性质，可构建学术产权维护体系，保护教学资源的安全性及可靠性。

从教育资源上来说，如何科学、有效、良性地开展招生工作，关乎教育质量，关系教育公平。但我们会发现，许多学校的公开招生计划有一定人数，而实际招生人数远超此数额。依托区块链等技术手段，利用智能合约的透明、自动执行等特性，可以实现锁定招生条件，并永久存证，为保障教育公平与教学质量，提供强大的技术支撑和过程性证据。

3. 教育行业的柔性监管

可以看到，无论是教培机构还是在线教育，它们都是个性化教育的一种参与形式和力量。学习者可自主选择在学习中心或培训机构学习某门课程，获得具有同等效力的课程证书，乃至权威组织认定的学历学位证书，有效证明自己在某一领域的专业知识和技能。

但这也给监管机构带来了更大的挑战，仅培训机构"卷款跑路"的事件近年就时有发生。因此，在教育行业监管方面，我们需要建立合理的柔性监管，把教育行业参与者尽可能纳入监管体系，并通过有序的市场竞争促进教育机构规范经营，提高教学质量。

通过区块链智能合约的应用，一方面可按监管政策事先锁定监管规则，取缔人为击穿的风险；另一方面还可设立保证金机制，一旦违反条约便自动产生相关赔付，杜绝欺诈行为的发生，从而构建真正安全、高效、可信的开放教育资源新生态。

随着教育领域中的数据产权归属与使用规范的明确制定、法律法规及政策的出台，以及区块链与其技术优势互补形成协同效应，将有效解决区块链技术在教育领域应用中面临的问题。教育数字化是全球教育发展与变革的大趋势，区块链技术有望在互联网＋教育生态的构建上进一步发挥独特作用。

7.3.3 区块链 + 农业

中国是农耕大国，农业作为第一产业，是关乎国民生计的重中之重。我国农业一直在朝着现代化方向发展进步，农业＋技术不断交叉融合，近年来，区块链技术发展已延伸至社会各个领域，农业也不例外。

农业部联合中央网络安全和信息化委员会办公室联合发布的《数字农业农村发展规划（2019－2025年）》指出，"要加速农业区块链大规模联网、数据协同等核心技术突破，加强农业区块链标准化研究，推进区块链技术在质量安全追溯、农村金融保险以及透明供应链等场景的应用。"

区块链用于溯源的技术有 3 点特性：

（1）链上的区块按时间戳记账，上链数据可追溯且不可篡改。

（2）数据分布式存储，受多方监管。

（3）非对称加密，持有私钥才能对加密信息解密，以确保其安全性。

农产品溯源已经成为区块链溯源领域，以及区块链＋农业领域最为常见的落地场景。如图 7-2 所示，恰如给农产品发一张有唯一数据标识的"身份证"，扫码"解密"就可以了解农产品从种植到交付的品种、生产时间、吃的饲料、货运流转等所有信息，每个信息都将是安全的并且可以实时获得。当今的消费者对食品健康更加感兴趣，如果提供有关农产品的所有供应链信息，就可以满足消费者的安全性期望，有效提高品牌的地位和议价能力。

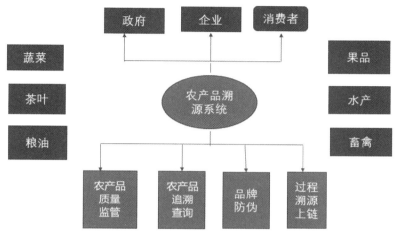

图 7-2

举一个"步步鸡"项目的例子，每只"步步鸡"都戴着脚环，它记录了鸡的全生命周期信息：重量、日龄、来源的养殖场、饲料、运动步数、检疫合格证等。消费者通过扫描脚环上的二维码就能看到鸡的一生。同时脚环会实时上传数据，养殖户也可实时监控鸡的生命体征。

区块链的可追溯性和不可篡改性在建立 to C 信任的同时，也可以构建产业内部 to B 的信用体系，消除信息不对称，提高全产业链的信息透明度和及时反应能力，实现整个产业的增值。区块链技术正在进入农产品生产流通领域，对农业有着深刻的改造。比如最原始的茧丝产业上游生产单体规模小而分散，产业链条长且效率低下，交易成本过高，买卖双方还会时常出现人为毁约。我们通过区块链分布式记账及不可篡改的技术，可以把买卖双方的信息公开、透明地呈现给上下游各方以及相关第三方，违约者将被行业抛弃，由此通过互相上链建立起正向的信誉生态，让良币驱逐劣币。

金融领域是区块链应用最活跃和比较成功的领域，但农业金融具有一定的特殊性，主要缺乏有效抵押物并建立契约机制。农业经营主体申请贷款时，需要提供相应的信用信息，这就需要依靠银行、保险或征信机构所记录的相应信息数据。但其中存在着信息不完整、数据不准确、使用成本高等问题，总体上贷款较难，风险较高。区块链技术可以保证信息更透明、篡改难度更高，增加了诚信，降低了成本。另外，应用去中心化功能申请贷款时，将不再依赖银行、诚信公司等中介机构提供信用证明，贷款机构通过调取区块链的相应数据信息即可开展业务，能大大提高工作效率。

7.3.4 区块链 + 版权认证

在数字文化产业，区块链正在改变着数字版权的交易、收益分配模式和用户付费机制等基本产业规则，形成融合版权方、制作者、用户等全产业链的价值共享平台。例如，以明星或 IP 为源头实现的区块链应用，可以打造一条将投资人、音乐人、电影制作人、粉丝群体、艺人以及经纪公司等融于一体的价值共享链。再如，为版权内容提供溯源支持的区块链平台，通过区块链、公钥加密和可信时间戳等技术，为原创作品提供原创认证、版权保护和交易服务。

区块链 + 版权认证可以从确权、用权、维权三个方面进行。

（1）确权。原创者把自己的作品通过某个产品保全到区块链，会把原创作品加密并生成独一无二的 DNA 数字指纹（存证文件 hash 值），再加盖时间戳和原创者的身份信息上传到区块链上。这样你的作品会有一个唯一标志，会同步到区块链的所有节点上。这样就能通过"谁先创作，谁先上网，谁先认证"的原则进行确权，甚至可以完整地记录一个作品从创作初始到最终呈现的所有变化过程。这个区块链一般是联盟链，公证处、司法鉴定中心等多家机构均为联盟链节点，多节点共同监督，确保链上的数据真实有效。

（2）用权。可以利用区块链技术构建一个版权交易平台，作品使用权的流转都会被追踪，交易过程透明公开且可溯源，使内容创作者的数字内容价值得以体现。

（3）维权。如果出现未授权转载或者盗用的情况，就需要举证取证环节。我们直接拿最近的一个区块链例子来说明。原告用一个第三方区块链存证平台的在线取证功能，把侵权方的侵权网页直接进行证据固定，并把证据结果上传到区块链上。区块链上是有公证处、司法鉴定中心的节点的，证据也会同步被这些节点固定。然后原告就拿着这个证据去法院诉讼，最后法院认可了这种取证存证的方式，胜诉了。

所以，区块链技术在一定程度上能够助推司法诉讼，助力原作者举证维权，减少电子证据取证难、易消亡、易篡改、技术依赖性强等问题的存在，在知识产权保护等领域发挥它的技术作用。区块链技术的引入确实可以极大地提升知识产权服务的运行效率，从确权、用权、维权 3 个环节解决知识产权产业冗长繁杂的问题，为版权保护提供完美的解决方案。

7.3.5 区块链 + 文旅

区块链技术的引入可为旅游业开启想象空间，使旅游业的发展出现新的可能。基于区块链产生的新技术、新思维，应当着眼于提升旅游服务体验，维护旅游过程中涉及的各方利益，最终实现"旅游 + 区块链"的融合发展。

旅游业长期存在诸如购物式旅游、景区服务缩水、旅游信息不对称等现象，在区块链技术引入后或将逐一破解。未来，区块链技术与旅游业的结合具有很大发展空间。

（1）区块链的核心理念是去中心化。这一特点在旅游业中的应用表现为去掉中间代理商，减少交易环节，大大降低交易成本及提高交易效率。

（2）区块链被称为价值互联网，具有高度透明和消除信任依赖的特点。区块链中的数据信息对所有人公开，有利于保证交易费用的透明性及产品和服务的真实性，降低游客出行成本，提升出行体验，诸如"大数据杀熟"等现象将不会再发生。

（3）区块链的自治性特点，体现在旅游业中就是游客不止有一重身份，他们可以是游客、导游，或者是管理者。区块链中各区块记录了每一地区的旅游信息，通过区块连接，各地区间可相互交换本地特色旅游及服务信息，各地有兴趣的居民都可参与到游客接待及管理中，游客可直接享受到当地的特色体验，当地居民也可从服务中获益。

（4）区块链具有不可篡改性。以往各酒店、旅行社等为争夺顾客，在网络平台上对本店服务进行虚假评价，使游客无法获得真实的信息，区块链技术的不可篡改性有效避免了这种虚假信息的传播。一旦出现虚假信息，可追溯存证，对发布虚假信息者的交易都会产生影响，有助于保证游客人身安全。

（5）区块链具有身份认证功能，其可追溯、透明性、不可篡改性保证了区块中所有人身份、信息的真实性。试想，区块链系统中的每一个人的身份都真实可靠，游客在旅行途中无须重复认证身份、机票订购、住宿等环节，管理机构也无须反复核实游客信息，势必为游客和管理人员节省大量时间。

区块链对于文化及相关领域的作用及应用主要集中在知识产权、中介信用、供应链管理、教育就业等。其中，区块链为艺术品交易中的艺术品防伪提供了新方法；在数字内容发行过程中，可以系统地保护艺术家的知识产权；另外，通过推动非遗与互联网、区块链技术的结合，以溯源解决交易过程中的造假问题，使传统手艺得到市场化释放。

7.3.6 区块链＋慈善

传统公益慈善领域在款项管理、信息记录等方面存在问题：受助人、捐赠项目信息审核不够严格，难以做到真实有效地甄别；钱款的募集和使用过程难以透明公开；公益款项先进入机构账户，再由机构进行操作处理，多层级操作，流程烦琐，人力、时间成本高。反观区块链技术，它具有去中心化、公开透明、信息可追溯、通过智能合约自动执行等优势，这些优势正好对应地解决了传统公益慈善项目中被人诟病的问题，可以从根本上解决公益信任难题。

面对慈善公益面临的这些问题，我们国家在法律上也做出了相应的规定，《中华人民共和国慈善法》的颁布给慈善公益提供了基本的法律保证。但总有人为了利益去钻法律的空子，只有法律的监管是远远不够的，还需要在技术层面给予支持。

民政部把互联网＋慈善作为重点工作之一，并指出要探索区块链技术在公益捐赠、善款追踪、透明管理等方面的运用，选定区块链技术方案，构建防篡改的慈善组织信息查询体系，增强慈善信息的权威性、透明度与公众信任度。

区块链技术应用于公益领域，可以改进公益组织的信息存储与传播方式，实现社会对公益项目资金的实时监管，提升公益组织的公信力，增加民众对公益机构的信任度。比如通过区块链技术与物联网相结合，不仅可以实现捐赠物资的全程流转信息上链，保证物资流转信息的透明可追溯，还大大改善了网上捐赠者的用户体验。

区块链技术与慈善大数据的融合将彻底改变分析处理慈善数据的方式，具有以下深远意义。

1. 推动慈善事业精细化管理
精细化管理的基础是管理数据的精准化，慈善大数据的开发应用是推动慈善项目管理数据精准化的必要措施。

2. 提升慈善服务能力
大数据通过区块链带来的深层次挖掘和分析可以更好地分析救助者的需求，优化资源配置，丰富服务内容，拓展服务渠道，构建便捷高效的慈善服务体系。

3. 推动慈善项目管理的科学化
利用区块链＋大数据的手段，能精确反映实时慈善救助情况，将为慈善项目管理的科学化和精细化奠定坚实基础。

4. 提升慈善救助决策水平
将区块链融合大数据分析的结果以视觉化、动态化的方式对救助效果数据信息进行展现，为慈善组织决策提供更多可量化的信息，并提高决策水平。

通过区块链＋慈善的模式，建立专注于公益慈善领域的移动互联网应用平台，为公众提供更高效、便捷的公益参与通道，建立"人人公益，触手可及"的公益众筹新模式。为进一步提高慈善事业的社会公信力，增强社会大众的捐赠信心，通过区块链技术与自有平台相结合，改变传统的信息公示模式，让公益慈善更加高效、透明、有序地运作。区块链与慈善的结合必将会使慈善事业重回最初的期待，实现真正的真、善、美。

7.3.7 区块链＋智慧城市

在信息技术蓬勃发展的新形势下，数据已经成为一种资源，尤其随着城市的发展，积累了大量体积庞大的数据。但是由于数据的竞争性和排他性，导致城市数据跨层级、跨地域、跨系统、跨部门进行高效、有序、低成本地流动难以实现，并且数据在交换时难以避免会发生泄漏，"数据孤岛"和数据安全问题成为新型智慧城市建设的掣肘。此外，城市数据还面临安全性问题。

而凭借区块链的分布式存储、去中心化、点对点传输功能，城市每个运维管理单位都可以变成一个节点，产生的数据不用通过中心进行数据处理，就可以直接发送到指定的分布式数据库，实现数据的直接传输，进而解决数据难以共享的问题。

同时，这些节点的所有数据和信息都是公开透明、可以追溯的。在进行数据传输时，数据也无法被伪造和篡改，因为篡改需要得到所有节点的认可，并留下数据信息变化的跟踪记录。这有利于数据原始信息追溯，使得区块链技术能够有效保障数据的安全性。

因此，具有去中心化、分布式、信息难以篡改、安全性、匿名性等特性的区块链技术，非常适合解决大数据共享困难的问题。

区块链 + 智慧城市，未来已来。基于区块链技术，网络不仅能传播信息，还可以转移价值。在智慧城市中，可以利用区块链技术的点对点通信机制降低运营成本，普及物联设备；利用其不对称加密特性保护用户隐私，重塑信任机制；还能够打破信息孤岛，促使供应链上下游交互，减少时间与经济成本。

除此之外，区块链技术在智慧城市建设过程中还有很多其他方面的应用，如在智慧交通、电子政务、智慧资产、法律应用等领域均有着广阔的前景，基于区块链技术的智慧城市未来可期。

7.3.8 区块链 + 游戏 |

游戏作为一个不断吸收高科技技术成果的行业，当然也是区块链技术最佳的应用场景之一。区块链技术要如何应用到游戏中去呢？我们做一下讨论。

区块链技术最大的特点之一就是去中心化，不需要第三方，不需要中间商，并且绝对的安全和公平。像棋牌游戏，有一个致命问题，就是参与者和平台之间的信任，平台出现问题卷款跑路的事不是没有发生过。而当使用区块链技术来构建游戏平台时，就不存在平台造假的问题，流程也会更便捷和简化。当然，区块链能解决游戏博彩业的公平透明问题，但是却解决不了博彩本身尴尬的法律地位。

区块链技术的安全性对于游戏，特别是依赖数据储存的网络游戏来说，作用是显而易见的。由于在技术上数据基本不可能被破解和篡改，因此玩家的个人数据、虚拟财产等都有了真正意义上的保障：你的虚拟财产将是一段独一无二的代码，没有你的同意和授权，别人无法在区块链的体系下盗取。将来游戏产业的进一步发展必将建立在成熟的互联网体系之上，如果区块链技术能够消除盗号、黑客攻击等游戏安全性的隐患，无疑具有相当大的意义。

现阶段最有启发的事，就是区块链对游戏虚拟财产的革命。区块链技术允许开发者创建独有的虚拟物品。也就是说，游戏厂商可以为玩家设计独一份的角色、物品等。在游戏中，玩家获得"真正的数字收藏品",100%归玩家所有,并且不可复制。区块链+游戏最大的优势在于,区块链技术使得玩家拥有了对于游戏资产绝对的所有权和控制权(在传统游戏中,中心化服务器的关闭、游戏开发商对于游戏的更改以及来自外部的恶意攻击都会使玩家失去对游戏资产的所有权),以及这一技术对游戏收益的放大作用,传统游戏中最重要的娱乐性反而是次要的。

如图 7-3 所示,《CryptoKitties》(迷恋猫)是第一款被广泛认可的区块链游戏。玩家可以拥有、饲养和交易小猫,这是游戏中唯一的道具。《CryptoKitties》上线之后很快火爆全球,首周交易额就超过了 1200 万人民币。迷恋猫是一群讨人喜欢的数字猫咪,每一只猫咪都拥有独一无二的基因组,这决定它的外观和特征。玩家可以在游戏中买一只价值不菲,几乎和现实猫一个价格的猫。当然,这只猫是独一无二的,只属于你一个人,100%归玩家所有,无法被复制、拿走或销毁。在游戏中,玩家可以利用手上的猫和别的猫交配得到小猫,也可以出卖猫的交配权让别人得到小猫。在这个过程中,玩家有机会得到一只高稀有度的猫。当然,最终的目的就是把手上的猫卖掉,越稀有的猫越是受到追捧,越能卖上好价钱。

图 7-3

再看一个大获成功的 Axie Infinity 区块链游戏,如图 7-4 所示,玩家可以在游戏中让名为 Axie 的生物进行收集、繁殖、交易和战斗。它还创造了一种新的游戏设计理念——边玩边赚,你玩游戏的同时,可以获得数字资产,这个项目已经成为一个耀眼的例子。

图 7-4

这款游戏中的代币玩法和游戏本身一样有趣，游戏过程中你会赚取或者使用相关代币。游戏中的 Axie 就是你的虚拟资产，这个资产可以在一个活跃的第三方市场上交易，游戏内的货币为 SLP（Small Love Potion，俗称"迷你爱情药水"），它将用于购买游戏内的各种资产或者喂养 Axie。SLP 可以在第三方市场购买到，或者通过玩游戏获得，比如玩游戏做任务就给 SLP，每天做完每日任务有 50 SLP 和关卡奖励可以领取。

Axie Infinity 的游戏模式与区块链技术有很高的契合度。它本质上是一款宠物养成、对战游戏，玩家首先要购买至少 3 只 Axie 才能参与游戏，每一只 Axie 都是一枚独特的游戏资产。将不同属性的 Axie 进行排列组合，与其他玩家进行回合对战，获胜方可以获得 SLP 和 AXS 代币奖励，而繁殖新的 Axie 必须消耗 SLP 和 AXS 代币。

属性强大稀有的 Axie 是十分珍贵的游戏资产，区块链技术保障这一资产的安全性和玩家的所有权。Axie Infinity 是从 Play-to-Earn（边玩边赚）这一理念出发诞生的游戏，经济激励贯穿游戏的始终，玩游戏赚钱是 Axie 一直所宣传的，加密货币对收益的放大作用对于游戏本身来说也十分重要。

Axie Infinity 是一款需要玩家花钱、花时间的游戏，参与游戏需要先购买 Axie，想要赢得对战，需要花时间精力了解 Axie 的各项属性，繁殖新的 Axie 也需要等待较长的一段时间。这些前期花费的大量时间、精力、成本都属于沉没成本（沉没成本，指已经发生且无法收回的支出，如已经付出的金钱、时间、精力等）的范畴。由于沉没成本的存在，即便随着时间的推移，玩家对游戏的兴趣下降了，也无法轻易放弃这一游戏，无形中增加了用户黏度，降低了用户的流失率。

此外，所有参与游戏的玩家手里都会持有至少 3 只 Axie、一些 SLP 以及 AXS 代币。根据禀赋效应（禀赋效应是指当个人拥有某项物品后，他对该物品价值的评价要比未拥有之前大大提高）的原理，玩家对这一游戏的评价会提高，换句话说，游戏对他们的吸引力提高了。

游戏本身的高质量和吸引力并不一定能保证游戏一定会成功。Axie Infinity 游戏能够将日活跃用户数维持在 2 万以上，除了依靠精美的游戏制作吸引新玩家的加入外，更要归功于游戏机制以及经济模型与区块链技术的高契合度。

7.4 区块链技术带来的数字世界

经历早期的野蛮生长以及行业洗礼之后，人们对于区块链的认识已经从简单意义上的比特币转变成改造工具。不断有新的应用出现，不断有新的行业被区块链改造，区块链从当初的"高开高走"变成了现在的"润物细无声"。通过对传统行业的底层逻辑进行改造，区块链为人们找到了解决传统行业痛点和难题的一种全新范式和途径。

然而，只是将区块链看成一种优化和赋能传统行业的存在显然低估了它的功能和作用。同时，只是用区块链来赋能传统行业，同样也无法最大限度地发挥它的功能和作用。于是，越来越多的人开始意识到，区块链的最大作用不仅在于区块链本身，而是在于区块链可以将大数据、云计算、人工智能等新技术连接在一起，并且可以让它们发挥出更大的作用。

日前国务院印发的《"十四五"数字经济发展规划的通知》提出：到2025年，数字经济迈向全面扩展期，数字技术与实体经济融合取得显著成效，数字经济治理体系更加完善，我国数字经济竞争力和影响力稳步提升。数字经济长足稳健发展，要从数字经济运行的秩序基础建设着手。想要高效、稳定且可迭代地搭建起数字世界的底层秩序基础，区块链技术将是很好的解决方案，并且它将成为构建数字世界急需的"新基建"。

然而，如果数字世界的价值和意义仅局限在用户体验的优化和提升上，没有真实的商业作为注脚，那么，所谓的数字世界依然只是一个缺少真实根基的存在。因此，之所以区块链技术会受到如此多的追捧，其中一个很重要的原因就在于它自带一整套的商业闭环，并且真正建构了属于自己的生态闭环，而不仅是一场游戏。

之所以如此，其中一个很重要的原因在于，区块链在其中发挥了重要作用。同以往人们所认知的区块链不同，区块链在虚拟数字世界上实现的是虚拟价值与真实价值的统一。

数字经济价值在于将传统固化于"点"的价值转变为"链网"价值，这意味着在数字世界实现价值传递非常重要。互联网可以做到信息互通，却无法传递价值；而区块链能够对数据的所有权进行确权，解决了物理世界物品的唯一性和数字世界中复制边际成本为零的矛盾，实现了物理世界物品到数字世界的唯一映射问题，基于此，价值得以顺利传递和转移。换句话说，通过区块链可以构建真实行业与虚拟世界之间的联系，并且真正实现两者之间的自由流动。

如果一定要为数字世界找到一种技术作为注脚的话，区块链绝对是当仁不让的那个。相对于大数据、云计算、物联网和虚拟现实等技术而言，区块链是更加底层、更加本质的，并且只有区块链具备将其他的技术真正联通与桥接的能力。区块链更像是一个诸多新技术的"聚合体"，而不是一个独立的个体。在区块链的生态下，新技术才能成为一个高度融合的个体。

很显然，这与以往人们对于区块链的认识是不同的。以往，人们所认为的区块链只是一个与数字货币深度绑定的存在，离开了数字货币，区块链便一文不值。这是人们在区块链被发现早期一直存在着巨大误解的地方。正是因为这种误解的存在，才将区块链的发展带入了死胡同。

时至今日，人们对于区块链已经有了一个较为理性的认识，并且有人开始意识到区块链在新的世代下真正应该扮演的角色和作用。区块链在元宇宙时代所扮演的一个最为突出的作用，就是它可以将不同的技术、不同的流程和环节通过自己的方式全部桥接与联通起来，并且可以借助数字货币的力量真正建构一个完美的商业闭环，从而形成一个全新的时代。

在现实世界，我们对于很多资产需要进行确权，这是通过中心化的机构去认证的。比如，在买房交易中，房产交易需要发证、盖章，证明房子归属于你，之后才能开始交易。但是在虚拟世界，对于数字资产的价值认同更高，数字资产怎么去确权？

因为数字资产数量之多，需要区块链技术帮助大量数字资产确权。它能够给你一个不同的编码，让资产可以流动。不可否认的是，大数据、云计算、虚拟现实等新技术在元宇宙时代同样有相当重要的作用，但是它们只具备在某一个流程和环节有重要作用的能力，却不具备真正将不同的技术、不同的流程和环节深度融合的能力。区块链则不同。相对于其他技术的局限性，区块链真正要达成的更像是一种更加底层、更加基础的存在，它可以将其他新技术的底层更好地联通起来，并且真正将这些新技术的能量进一步激发出来，从而获得更大的能量。

这才是区块链的更大层面的功能和作用。对于比特币创始人"中本聪"来讲，他仅看到了区块链在金融体系中的作用和地位，并且只是将区块链的这一优势借助比特币的方式淋漓尽致地表现了出来。然而，他没有看到区块链的基础性，特别是他没有看到区块链与不同的产业、不同的技术实现了深度融合之后所释放出来的巨大潜力。

人们对数字世界的理解越深刻，越会感受到区块链的重要功能和作用。同样，人们对于区块链的落地和应用的探索越深入，越会发现区块链真正为我们开启的是一个可以与现实世界实现深度融合，并且真正能够从本质上颠覆人们的生产和生活方式的全新数字世界。

第 8 章
揭秘 Roblox，人人都是游戏创作者

说起元宇宙，大家第一时间就会想起将公司名称改为 Meta 的 Facebook，但其实第一个将元宇宙这个概念写入招股说明书的是一家来自美国的游戏公司 Roblox（罗布乐思），这家公司拥有全世界最大的多人在线创作游戏平台，吸引的月活跃玩家在 2021 年年底就已经超过了 1 亿。此外，据统计，目前已经有超过 500 万开发者使用 Roblox 开发元宇宙概念游戏。Roblox 为玩家提供 3D 数字世界客户端，为开发者提供 Roblox Studio 工具集，以及 Roblox 云服务。Roblox 搭建的经济系统把内容生产者跟内容消费者连接在一起，将现实社会中的人际关系投影到虚拟世界中，用线上虚拟数字内容拓展真实世界中的社交需求。

8.1 Roblox 介绍

8.1.1 Roblox 是什么

如图 8-1 所示，Roblox 是一款集体验、开发于一体的多人在线 3D 创意社区互动平台，玩家可以通过游戏与朋友聊天、互动以及创作。而 Roblox 作为一家游戏公司，与其他游戏公司最大的不同是，公司不从事制作游戏的业务，而是提供工具和平台让开发者有自由想象的空间，从而创作沉浸式的 3D 游戏。

玩家可以在 Roblox 社区注册一个虚拟身份，体验社区里的各种小游戏。目前在国服开放移动端 App，整体画风采用极简像素 3D 风格。玩家的虚拟身份用于平台所有的游戏。小游戏主要为多人游戏，玩家可以和好友组队，也可以进入后随机匹配其他玩家共同游戏。部分游戏内置收费项目，通过 Roblox 的虚拟货币购买。普通玩家接触到的是 Roblox 的小游戏，Roblox 提供游戏设计开发工具 Roblox Studio，Roblox 社区里的小游戏都是创作者通过 Roblox Studio 创作的。从创作玩法看，Roblox 是一款沙盒游戏，沙盒游戏由于其底层架构的原因，可以通过创作实现大量玩法。

图 8-1

Roblox 就犹如 YouTube，只担任平台运营的角色，通过用户生产内容（UGC）的方式，丰富平台上的游戏体验，使玩家借由数字分身进入游戏内进行游玩与互动。Roblox 在美国的青少年群体中是家喻户晓的名字，更是苹果应用程序商店游戏下载排行第一的 App，据统计，美国过半的 16 岁以下儿童都玩过。

如图 8-2 所示，2021 年第一季度，Roblox 在美国 iOS 手游市场的份额排名第一，目前这个平台上已经有超过 800 万开发者，开发出的游戏超过 4000 万，所有的游戏全部免费，通过道具收费盈利。它也是一个游戏引擎，平台上所有游戏全部基于这个引擎开发。这个引擎的画面效果和《我的世界》类似，任何人都能免费利用这个引擎开发游戏并上传到 Roblox 游戏平台。而且开发过程比其他引擎更简单，根据官方说法，没有编程和游戏开发经验的人，也能通过开发工具 Roblox Studio 搭建一个简单的小游戏。

图 8-2

▌8.1.2 Roblox 的发展历程 ▏

Roblox 的成功来自创始人 David Baszucki（戴夫·巴斯祖基）一开始就选择走了一条最难的路——专注于儿童市场的游戏平台。David Baszucki 于 1989 年以教育为目的创建了名为 Interactive physics 的 2D 模拟物理实验平台，如图 8-3 所示。这个软件用于教学演示，能够让小朋友创建 2D 物理模拟器，进行杠杆、坡道、滑轮、撞车、拆房子等物理实验。David Baszucki 从创业初期就抱着游戏 + 教育的出发点，并充分体会到了儿童的创造潜力，这为 David Baszucki 创立 Roblox 做了铺垫。

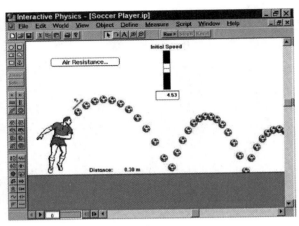

图 8-3

后来创始人想要更大规模地满足学生的想象力与创造力，于是在 2004 年成立了 Roblox，其初衷是打造乐高式游戏创作平台，玩家可以在这个平台上交互，一起玩游戏、学习、交流、探索和连接。Roblox 目前社区里虽然主要是小游戏，但从一开始的定位就不只局限于游戏，还可以尝试解决玩家学习、交流等需求。

整个 Roblox 的发展上了快车道，如图 8-4 所示。2004 年，Roblox 创立。2013 年，Roblox 推出了开发者交易计划，为开发者提供货币激励，开发者满足一定条件即可兑换现金。2016 年，Roblox 开发者可以在 Xbox One 上发布他们的游戏。2017 年，Roblox 上的顶级开发者一年能挣 300 万美元。2018 年，Roblox 的开发者社区创造了超过 7000 万美元的收入。Roblox 公司将其在游戏开发和运营的经验带入教育行业，少儿编程便是其中重要的一块细分市场。2019 年 5 月，腾讯宣布与 Roblox 建立战略合作关系，共同组建合资公司罗布乐思，通过打造游戏＋教育的形式，培养下一代的编程、科技人才和内容创造者。

图 8-4

Roblox 在 2020 年 6 月宣布每月同时在线用户突破 1.5 亿，根据财报，这家公司在 2020 年的营收达到了 3.84 亿美元。作为元宇宙第一股，2021 年 3 月 10 日，Roblox 在纽交所直接挂牌上市。

玩家可以通过购买 Robux 虚拟货币（Roblox 平台通用的虚拟币）来体验平台内开发者生产的优质游戏内容，之后公司会根据游戏内购及游戏时长等指标向开发者分成。Roblox 招股书显示，Roblox 2020 年支付了 3.287 亿美元分成给开发者，较 2019 年翻了两倍。在 Roblox

的个人游戏开发者中，有人每个月赚上万美元，也有人能月入数十万美元。这就是 Roblox 的神奇之处，如果你不算很懒又会做游戏，你甚至可以自己在游戏上赚钱来为游戏氪金。虚拟货币 Robux 现在如同游戏中的比特币一样值钱。对于游戏开发者来说，积累了足够的 Robux，就可以将它换成真实世界的货币，现在一个 Robux 大约可以兑换 0.0125 美元。可能每个玩家都想要做一款能伴随着自己成长，并且能让很多人玩到的游戏，Roblox 做到了这一点。

Roblox 上市后，市值从一年前 C 轮融资的 40 亿美元增至 450 亿美元，暴涨了 10 倍之多。这是一个非常高的数字，不仅超过了发行《堡垒之夜》的 Epic Games，甚至超过了 Take-Two 和育碧加起来的总和。谁能想象，如今市值 450 亿美元的 Roblox，11 个月前的估值才仅为 40 亿美元而已。

8.1.3 Roblox 平台的组成

Roblox 平台由 3 部分组成，分别为 Roblox Studio、Roblox Client 以及 Roblox Cloud。

Roblox Client 主要面对的是玩家，是供玩家体验 Roblox 上 3D 世界内容的平台，如图 8-5 所示，用户在这个平台上有一个统一的 3D 虚拟形象，可以使用这个形象进入各个不同的游戏中。Roblox 内置虚拟分身编辑形象系统，支持玩家修改、设计、创造其虚拟身份的肢体形象、服饰、动作等特征，玩家也可以从商店中购买已经设计好的特定形象。Avatar Editor 为玩家提供极大的自由度以个性化其形象，Roblox 会在各个设备中适配玩家已经设定的形象，确保在绝大部分游戏体验中保持玩家形象的一致性。目前，Roblox 支持 iOS、Android、PC、Mac、Xbox 以及 Oculus Rift、HTC Vive 等 VR 设备。Roblox 确保玩家只需要接入互联网，就能够以极低的时延进入虚拟世界并开始与其他玩家互动。Roblox 在多个设备上的兼容、一致性以及用户形象的个性化程度为玩家提供了极强的代入感和身份感。

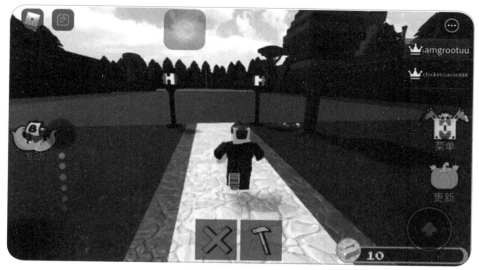

图 8-5

Roblox Studio 面对的是开发者，通过提供实时的社交体验开发环境，让创建者可以直接操作 3D 环境。如图 8-6 所示，Roblox Studio 的主体本质是一个开放的游戏引擎。游戏引擎包含以下系统：渲染引擎（包含二维图像引擎和三维图像引擎）、物理引擎、碰撞检测系统、音效、脚本引擎、计算机动画、人工智能、网络引擎以及场景管理等。

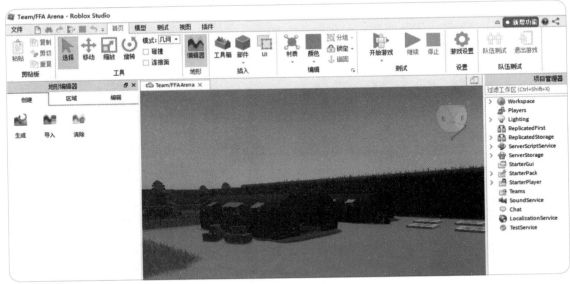

图 8-6

Roblox 的前后端开发语言都是 Lua，学习成本很低，引擎本身已经包含很多功能，例如背包、聊天、队伍等系统，开发者可以直接使用这些功能。Roblox 在客户端与服务器上都有很完善的框架，开发者在不了解复杂游戏框架的情况下，也能快速上手进行开发。

Roblox Studio 相较 Unity 和虚幻这类专业引擎，其门槛低，"乐高式封装"降低了编程门槛，提高了全民创作的可能性，并且开发完成后可直接在 Roblox 平台上面向所有玩家发布。如图 8-7 所示，相对于 MOD 类游戏创作，Roblox Studio 提供了素材选择和创作自由的更大余地，且作者对游戏作品具有一定的所有权。

引　　擎	代　表　作	开发门槛	创作自由度	素　　材	服务器 + 发布	成果所有权
Unity	王者荣耀、原神	较高	高	需专业开发	无	作者所有
虚幻	绝地求生、堡垒之夜	高	高	需专业开发	无	作者所有
Roblox Studio	Adopt me!	较低	较高	门槛较低，且提供交易平台	提供服务器且在平台上发布游戏	作者与平台共有
魔兽争霸编辑器	Dota、真三国无双	低	低	主要使用游戏内素材	提供服务器	平台所有
GTA 线上模式制作器		低	低	主要使用游戏内素材	提供服务器	平台所有

图 8-7

除了游戏创意与开发外，Roblox Studio 还为开发者提供发行、渠道等全套服务。区别于传统的游戏引擎，Roblox Studio 游戏开发者只需要专注于游戏创意和开发，平台能够帮助提供数据后台、运维容灾、好友聊天、网络通信等服务和游戏的发行渠道。

Roblox Cloud 提供网络存储、网络安全、网络传输等相关的支持服务及基础设施，负责游戏虚拟主机、数据存储以及虚拟货币等业务，同时为玩家、开发者、内容创作者服务。Roblox 拥有基于自有基建的云架构。Roblox Cloud 运营的大部分服务都托管在 Roblox 托管数据中心，对于一些缓存数据库、对象存储和消息队列服务以及需要额外计算资源时，Roblox 使用 Amazon Web Services。所有负责为 Roblox 客户端模拟虚拟环境和传输素材的服务器均归 Roblox 所有，并且广泛分布于北美、亚洲和欧洲的 21 个城市的数据中心，具有较强的容灾能力。

Roblox 使用的是主从架构，这也是一种多玩家游戏的通用框架。在你畅玩使用 Roblox 创作的游戏时，你的个人计算机、手机、平板电脑或游戏机就成为客户端，游戏中的每一位其他独特玩家也各自是一个客户端。游戏中的所有客户端（玩家）都会连接到一台功能强大的 Roblox 计算机（也就是所谓的服务器）。服务器就像是这个游戏的管理员，它会确保每位玩家看到和体验到的游戏世界与其他玩家完全相同。Roblox 本质上是提供游戏游玩与开发平台，降低了游戏开发门槛，让玩家自行开发游戏模式，它既降低了游戏开发成本，又兼顾了玩家创新与互动性。

8.1.4 Roblox 的用户画像

Roblox 的核心用户年龄层：Z 世代（Z 世代是一个网络流行语，也指新时代人群，他们一出生就与网络信息时代无缝对接），如图 8-8 所示，5~24 岁约占 70% DAU（Daily Active User，日均活跃用户数量，用于反映网站、互联网应用或网络游戏的运营情况的统计指标）。Z 世代人群的创造力成为 UGC 内容创作平台的重要资产。一方面，Z 世代的创新意识较足；另一方面，Z 世代对线上社交内容创作接受度较高。

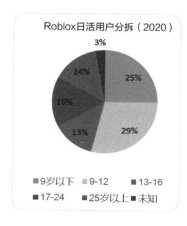
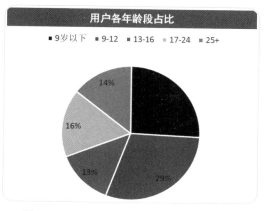

图 8-8

8.1.5 Roblox 的商业模式

Roblox 的商业模式分成案例如图 8-9 所示。玩家买入 Robux 虚拟货币，通过游戏内氪金（Pay to win）、UGC 社区等渠道进行消费。最终开发者获得 20% 的分成，而平台则获得 55% 的分成。从结果来看，平台可以躺着赚钱，利润相当可观。

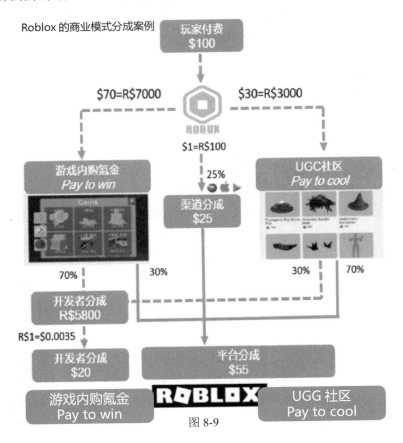

图 8-9

8.2 Roblox 开发游戏探秘

游戏中遇上 BUG 谁都不好受，碰上这个情况玩家一般都会口头询问一下开发者，如今有机会让普通人也能成为游戏开发者，你愿意吗？Roblox 便提供了这个机会。

8.2.1 Roblox Studio 的下载和安装

不论是罗布乐思网站还是 Roblox 官网，都提供了开发者入口。罗布乐思网站页面，如图 8-10 所示。

图 8-10

Roblox Studio 是制作 Roblox 游戏的必要开发工具。要运行这个免费软件，需要一台 Windows 10 系统的计算机或 Mac 系统计算机。Roblox Studio 无法在 Chromebook 或智能手机等移动设备上运行。

下载之后是一个 RobloxStudioLauncherBeta.exe 安装包文件，双击运行，它就会自行安装，耐心等待即可。安装完成后，你可以在 C:\Users\(用户名)\AppData\Local\Roblox\Versions 目录中找到它，如图 8-11 所示。

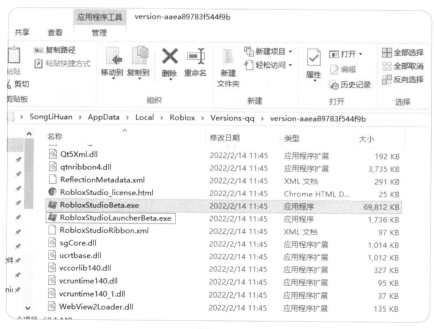

图 8-11

运行 RobloxStudioBeta.exe 程序，启动 Roblox Studio 开发编辑游戏软件，如图 8-12 和图 8-13 所示。

图 8-12   图 8-13

8.2.2 Roblox Studio 开发游戏入门

笔者指导大家制作一个简单的游戏，来探索 Roblox 赋给我们创作游戏的能力。我们先来看一个障碍跑游戏，在障碍跑中，玩家从一个位置跳到另一个位置，同时要避开障碍物才能到达关卡的终点。如图 8-14 所示，在游戏中使用字母键 W、A、S、D 来四处移动角色，使用空格键进行跳跃。

在 Roblox Studio 中，单击左上角的 New（新建）按钮。通过选择 Baseplate（底板）模板启动新项目，如图 8-15 所示。

图 8-14   图 8-15

如图 8-16 所示，如果你直接在灰色的底板上开始制作障碍跑游戏，你的玩家在错过起跳机会时，只会有惊无险地跌倒在底板上，而不是死亡。这应该不符合你想给予玩家的挑战。所以在制作障碍跑游戏之前，你需要从项目中移除 Baseplate（底板），我们需要一个完全空白的世界来开始制作障碍跑游戏，必须删除底板。

图 8-16

如果未显示 Explorer（项目管理器）窗口，请选择"视图"（View）选项卡，并单击"项目管理器"（Explorer）按钮，如图 8-17 所示。

图 8-17

找到"项目管理器"窗口，此窗口列出了游戏中的所有对象，如图 8-18 所示，单击 Baseplate 以选择它，然后按键盘上的 Delete 键，把它删除。

制作游戏的第一件事就是决定玩家从哪里开始游戏。SpawnLocation （重生位置）是玩家在游戏开始时或从平台跌落后出现在游戏世界中的位置。如未设置 SpawnLocation，玩家可能会随机出现在任意位置，然后跌落身亡。你需要创建一个重生位置，为你的障碍跑游戏提供安全的玩家生成点。

如果没有 SpawnLocation，这里介绍一下如何创建它。在"项目管理器"窗口中，将鼠标悬停在 Workplace 上，然后单击圆圈按钮，滚动下拉列表，如图 8-19 所示，找到 SpawnLocation，然后单击它，将在镜头视角的正中心创建新的重生位置。

图 8-18

图 8-19

如图 8-20 所示，这时 SpawnLocation 会出现在镜头视图正中央。

如果部件距离镜头过远，可能很难对其进行处理。利用镜头控制和快捷键可以更好地看到正在处理的部件。比如，要将镜头聚焦到 SpawnLocation，可以在"项目管理器"中选择 SpawnLocation，按 F 键将镜头聚焦到所选部件上。按照如图 8-21 所示的镜头控制操作，移动镜头即可获得更好的视角。

图 8-20

镜头控制

控制	操作
W A S D	移动镜头
E	抬起镜头
Q	降低镜头
Shift	慢速移动镜头
鼠标右键（按住并拖动鼠标）	转动镜头
鼠标滚轮	放大或缩小镜头
F	聚焦所选对象

图 8-21

如果无法移动镜头，请先在游戏编辑器内单击。例如，如果单击了"项目管理器"窗口，你将无法使用 W、A、S、D 键在游戏编辑器中移动。

部件（Part）是游戏中的构建基块。你可以利用它来为游戏构建各种环境和模型。如图 8-22 所示，我们要使用它构建障碍跑的一系列平台，选择"模型"（Model）选项卡，单击"部件"（Part）图标。

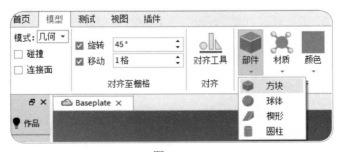

图 8-22

如图 8-23 所示，在镜头视角的正中心创建新的部件，如果你想进一步控制部件出现的位置，请放大镜头并让部件在你想要它出现的位置居中显示。

图 8-23

新部件是玩家跳跃的第一个平台，玩家需要从生成点到达该部件。选择该部件（在游戏编辑器窗口中单击它），使用镜头控制来获得合适的视角。如图 8-24 所示，选择"移动"（Move）工具。拖动带颜色的箭头将部件移至重生位置附近，让玩家执行简单的第一次跳跃。

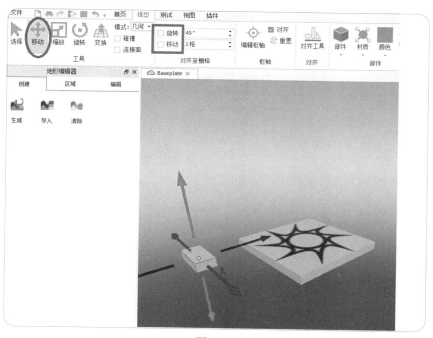

图 8-24

在四处移动部件时，你可以利用碰撞（Collisions）和对齐（Snapping）这两个设置来更好地控制部件。在移动部件时，你可能会发现一个部件在触碰另一个部件时，会出现一条白色的轮廓线，这就表示部件之间发生了碰撞。在 Roblox Studio 中，碰撞功能可以控制部件能否穿过其他部件（如果将碰撞设置为开，则无法将一个部件移至任何一个会与另一个部件重叠的位置。如果将碰撞设置为关，则可将部件随意移动至世界的任意一个位置）。

对齐是部件进行一次移动、缩放或旋转时的范围数值。如果部件一次仅按"步"移动或旋转 45°，就是因为使用了对齐。在创建需要精确放置的项目时，对齐非常好用，例如需要以 90° 垂直放置建筑物墙壁等。为了更轻松地移动部件，推荐关闭对齐功能。

如图 8-25 右侧所示，可以取消勾选旋转（Rotate）或移动（Move）旁的复选框以关闭对齐功能。

图 8-25

如果现在测试游戏，就会发现你添加的所有部件（除 SpawnLocation 外）都会掉落。对部件进行锚定（Anchor）后，即可将其固定至当前位置，这样即使被玩家或其他对象撞到，也不会挪动半分。如图 8-26 所示，选择你想要锚定的部件，在 Properties（属性）窗口勾选 Anchored 复选框。

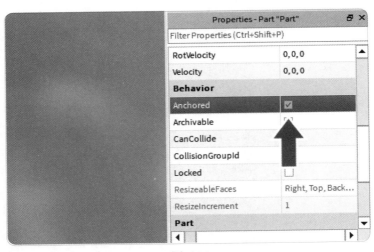

图 8-26

更改部件的大小和角度不仅能够让你发挥自己的创意与设计，还可以借此调整游戏难度。为了使你的跑道充满设计创意，平衡其难度，你需要改变插入部件的大小和角度。如图 8-27 所示，选中"缩放"（Scale）工具，选择障碍跑中的部件，朝任意方向拖动带颜色的握柄，你可以十分轻松地沿任意轴对部件尺寸进行调整，还可以更改部件的颜色。

旋转部件的操作方式与缩放操作相似，如图 8-28 所示，选择"旋转"（Rotate）工具，拖动球体上的握柄，使其绕轴旋转。

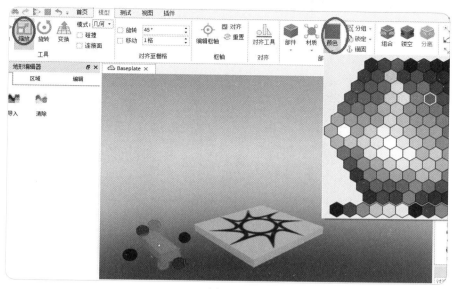

图 8-27

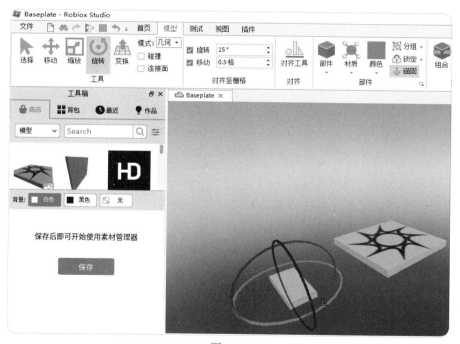

图 8-28

只有一次跳跃的障碍跑游戏算不上有趣。运用你刚刚学到的知识与工具，如图 8-29 所示，为自己的游戏再添加 5~6 个部件。可以通过单击"部件"（Part）按钮下的小箭头来尝试创建不同类型的部件（如方块、球体、圆柱等）。同时，可以适当调整这些部件的尺寸或旋转角度，以避免游戏过于单调。

图 8-29

现在你的障碍跑只是灰色部件的集合，可能看起来有点单调。你可以通过编辑部件的属性来更改其颜色和材料。如图 8-30 所示，在"属性"（Properties）窗口中，单击 Color（颜色）字段中的小框以选择新颜色，在 Material（材质）字段中，单击现有材质并从下拉菜单中选择其他选项。

图 8-30

制作好你的障碍跑游戏后，可以试玩（测试）一下以确保一切顺利运行。如图 8-31 所示，单击"测试"菜单下的"开始游戏"按钮，可直接在 Roblox Studio 中开始游戏测试。

请确保你的障碍跑游戏可以顺利运行，所有部件都处于正确的位置。试着平衡游戏的难度，如果某次跳跃难度太大，玩家会失去信心；但如果难度太小，他们可能会感到无聊。

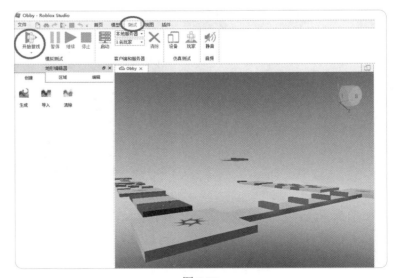

图 8-31

你还可以发布游戏，Roblox 上的其他玩家便可以玩你制作的游戏了。如图 8-32 ～图 8-34 所示，选择 "文件"（File）菜单，然后选择"发布至 Roblox"（Publish to Roblox）选项，打开发布窗口。而"游戏设置 ..."菜单项可以设置权限，设定谁可以玩这个游戏。

图 8-32   图 8-33

图 8-34

现在，你的第一个 Roblox 游戏制作完成了。试着和你的朋友玩一下，以最快的速度到达赛道的终点。在 Roblox 创作游戏是不是很简单很有趣呢？

8.3 Roblox 成功的内在逻辑

8.3.1 Roblox 实体是 UCG 平台

当前主流的游戏开发方式为 PGC，以 Roblox 为代表的 UGC 平台为游戏行业的内容创作方式带来了新的想象空间。UGC 模式和 PGC 模式的比较如表 8-1 所示。UGC 模式本质是为了降低游戏开发门槛，由玩家自行开发玩法模式 + 游戏世界。创意内容 + 玩法由玩家生产，玩家需求自我满足，无法产出爆款，但风险大幅降低。在大部分市场，游戏 UGC 仍处于市场教育阶段，相比于其他内容 UGC 平台，游戏内容创作周期和挑战仍存在问题。

表 8-1 UGC 模式与 PGC 模式的比较

对比项	UGC 模式	PGC 模式
开发工具	门槛低，简单学习后即可上手	门槛高，需要专门学习
成品质量	相对粗糙，以创意和玩法取胜	高，画面建模等更精细
开发者	数量多	数量少，仅限游戏行业专业人员
成本	低	较高
建模	无须单独建模，使用封装化模型	需要单独建模
内容风险	低	高，包括风险，受众风险

类比视频赛道，UGC 模式的出现对于内容创作生态来说将是革命性的。游戏 UGC 和视频 UGC 的比较如表 8-2 所示。游戏的付费模式如买断制、氪金、饰品道具销售等方面的探索均较为成熟，能够依靠自身内容变现；而文字和视频内容平台需要依托内容获取流量，再将流量以广告等形式变现。游戏相比文字或视频内容具有更高的沉浸感和社交属性，有望带来更高的变现效率。

表 8-2 游戏 UGC 和短视频 UGC 的比较

游戏 UGC 和短视频 UGC 的相同之处	游戏 UGC 和短视频 UGC 的不同之处
内容成本低	游戏 UGC 可直接通过游戏付费变现；短视频 UGC 需要借助广告、电商等变现渠道
创作生态更有活力	
能够匹配长尾需求	信息接收方式：短视频为单向输入信息，游戏中玩家与内容互动更多
爆款潜力大	

其实不难看出，基于 Robux 构建的 UGC 社区，玩家同时也可以是开发者。而对于 Roblox 而言，其本质是一个游戏引擎，实体是 UGC 平台。这就引出了公司的核心逻辑：UGC 内容生态 + 社交属性构筑的飞轮效应，如图 8-35 和图 8-36 所示，用通俗的话来讲就是：越多开发者创造游戏 + 玩法内容，玩家沉浸时间越长，通过社交网络吸的新用户越多；玩家基础扩张的同时，由于 UGC 的激励 + 反馈经济系统，变成开发者的玩家，形成正向飞轮效应。同时，飞轮效应驱动 ARPU 增长，内容越好玩，玩的人就越多，越互动，越社交，越好玩，玩家付费意愿就越强；越高的变现能力，驱动越多的开发者打造更加好玩的游戏，形成正向飞轮效应。

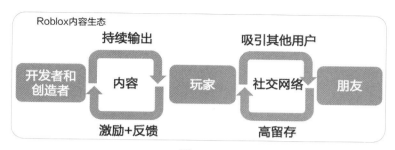

图 8-35

图 8-36

8.3.2 玩法众多

Roblox 作为一款沙盒游戏，玩家可以体验大量的玩法，包括 RPG（Role-Playing Game，角色扮演游戏）、MOBA（Multiplayer Online Battle Arena，多人在线战术竞技）、FPS（First-Person Shooting，第一人称射击，是以玩家的主观视角来进行射击的游戏）等主流玩法，其他游戏往往只能实现单一玩法。

Roblox 大部分游戏比较轻量。同时，Roblox 在云端做了兼容，可以非常灵活地调配云端和客户端运行对资源的需求，这使得玩家可以打开客户端后立刻模拟和渲染世界，实现即点即玩。

在 Roblox 上可以同时玩到 RPG、MOBA、FPS 等绝大多数游戏。例如即点即玩的特性下，玩家可以随时体验《CS:GO》的 Roblox 版本，而要体验真正的《CS:GO》，只能通过下载计算机端的游戏。Roblox 社区内还有大量类似《CS:GO》的经典游戏，如图 8-37 所示。相较于其他游戏只能体验某一种游戏玩法，Roblox 可以轻松体验绝大多数玩法。

图 8-37

133

同时，Roblox 多人游戏非常便捷，不仅可以邀请好友，也可以进入游戏后即时与陌生人匹配。

为什么小游戏"玩法多＋便于多人游戏"的模式如此受玩家欢迎，我们认为有以下几点原因：

（1）玩家对游戏玩法的兴趣点是不断变化的，游戏需求不局限于某一玩法：近年来，细分赛道的爆款游戏不断涌现，变化的原因在于玩家对于玩法的兴趣点在不断变化。而 Roblox 囊括一切玩法的特性，以及创作者可以通过较短的周期和低成本进行研发，使得玩家对于玩法的需求总能在平台上获得满足。

（2）多人游戏的需求始终存在：近年来 Party Games 的兴起（《Among us》《Pummel Party》），反映了多人游戏的需求始终存在。

这种模式特别适合中小学生的朋友关系，同时 Roblox 的画风和即点即玩、设备要求低的特性更适合学生群体。根据 Statistic，在海外，Roblox 的用户以学生群体为主，截至 2021 年第一季度，Roblox 平台上 13 岁以下的用户日活达到 2130 万人，占比达到 51.0%。

8.3.3 庞大的创作者

Roblox 有着非常庞大的创作者规模，全球有上千万的创作者。Roblox 能吸引庞大的创作者，是因为无门槛注册和全免费的模式下，降低了游戏创作的门槛，以及为创作者提供了稳定的分账模式。

目前市场上的游戏以 PGC 游戏产品为主，业余创作者的产品非常少，且在绝大多数人的观念里，游戏创作是专业工作室才能完成的。同为内容产品，影视创作有草根的业余影视创作者，小说创作有庞大的网文作者团队，其他内容产业的 UGC 团队在各自的领域有着明显的声量和收益，而游戏创作尚未出现庞大的业余创作者团队。

游戏创作尚未出现业余创作者团队主要受限于 UGC 游戏创作工具有限、UGC 游戏产品上手门槛较低、游戏开发周期太长和成本太高。UGC 游戏创作目前只有以 Roblox 为代表的沙盒类游戏可以实现创作广泛的游戏类型。Roblox 相较于其他沙盒类游戏，具有上手门槛大幅降低、可开发的游戏更多、游戏创作速度更快等优势。

Roblox 无门槛、全免费的模式使得创作成本大幅降低。Roblox Studio 的编辑器、服务器和大量的美术资源都是免费的。通常产品研发周期只需要 2~3 个月，版本快速上线只需要 24 小时。

根据 Roblox 招股说明书，Roblox 与创作者采用稳定的分账模式，创作者会获得一款游戏流水的 24.5%。Roblox 不仅和游戏创作者分成一款游戏产生的收入，更推出了大量的创作者扶持计划，包括奖金激励以及在 Roblox App 获得推荐位的曝光，以此激发创作者的热情。

Roblox 禁止玩家通过不联网的方式打开地图，另一款沙盒游戏《Minecraf》则可以通过私人服务器实现部分联网或者离线打开地图。Roblox 完全阻断了盗用创作者产品设计的可能，进一步维护了创作者的权益。

8.3.4 为开发者提供多种变现方式

Roblox 为开发者提供多种变现方式，充分激励创作者。目前创作者能够在平台上通过售卖体验（游戏）和内购、基于用户参与度贡献的创作者奖励、向其他开发者销售开发工具和内容、在虚拟物品（装饰、动作等）市场上出售商品等方式获取收入。创作者赚取的收入将留存在其虚拟账户上，满足一定条件的开发者能够通过开发者交易项目（Developer Exchange Program）获取收入。2019 年，共有 2600 名开发者通过该项目获取了 1.12 亿美元的收入，而 2020 年，共有 4300 名开发者通过该项目获取了 3.29 亿美元的收入。Roblox 各个季度开发者的分成费用及其占收入的比例如图 8-38 所示。2020 年第一季度以来，公司开发者分成费用持续快速上升，费用率一度达到 42%，主要受总流水（Bookings）增加的驱动，更多的开发者在 Roblox 平台上获得了货币激励，预计未来开发者分成费用绝对值和占总流水的比例仍会持续上升。

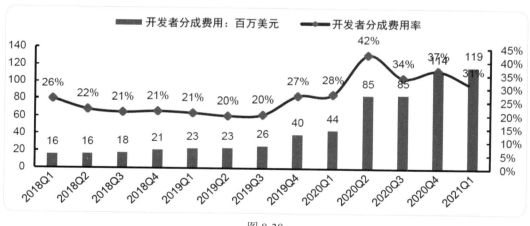

图 8-38

8.4 Roblox 的数字世界的特性

Roblox 和其他游戏的差异表现在其定义的元宇宙虚拟数字世界的特性。根据 Roblox 招股说明书，元宇宙的 8 要素是身份、朋友、沉浸感、低延迟、多元化、随地、经济系统和文明。

- 身份：并非单一游戏的身份，而是社区化的身份。玩家在游戏中都会注册一个虚拟身份，但是不同于其他游戏的是，Roblox 的虚拟身份大多是以线下关系为基础的，同时也可以在虚拟社群里使用。

- 朋友：以现实熟人关系为基础，在社区里进行虚拟关系的扩张。相较于大部分游戏，玩家刻意把游戏里的身份和现实身份分离，Roblox 立足于现实熟人关系，但是也为用户提供了虚拟关系的便捷交友。

- 沉浸感：Roblox 可以实现线上、线下的诸多功能，使其社区更趋近真实的社区。其他游戏主要围绕游戏本身的玩法以及游戏内的社交关系，玩家的生活无法被游戏替代太多。而由于 Roblox Studio 强大的功能和丰富的内容供给，未来有望在教育等领域扩张更多丰富的内容。

- 低延迟：Roblox 通过云端的建设实现了即点即玩。

- 多元化：大规模创作者的入驻为平台带来了大量的创意，形成了多元化的社区。

- 随地：Roblox 打通了计算机端和移动端。

- 经济系统：稳定有序的开发者创作分成模式使得平台玩家能够获得稳定收益。类比《梦幻西游》，有着有效的经济调节，这使得玩家在游戏中的投入和收获不会出现严重的贬值，因此很多玩家会沉淀在游戏内。Roblox 则更进一步，通过更加可调控的 Robux 虚拟货币，使得平台的经济系统运行得更加稳健，创作者和玩家的消费形成稳健的循环。

- 文明：大规模的内容创作催化了优质的游戏内容。

Roblox 所处的阶段类似于快手从工具走向社区化的进程。快手早期以 GIF 制作工具起家，2012 年开始向社区转型；2013 年，引入了去中心化算法，加强了创作者曝光的机会；2014 年，一批 YY 主播进驻快手平台，获得第一批以师徒、家族等社交关系为核心的社区。Roblox 目前的成长模式类似于快手从工具转型社区的思路，但是由于创作的内容是以游戏为主的功能产品，而非短视频这类内容产品，因此 Roblox 的产品能够为玩家提供大量实际的功能（例如现有的多人游戏、教育、聚会或演唱会等），玩家可以真正"生活"在其中。随着逐步满足社区用户线上、线下更多的需求，从而形成一个相对于现实世界的元宇宙社区。

从这个角度来看，Roblox 之所以不同于其他游戏，更接近元宇宙的概念，其核心原因在于：通过海量的创作内容，使得平台可以实现的功能大大扩张，广泛的玩家群体从一个在游戏世界里的被动消费者变成一个真正生活在这个世界中的人。玩家在其他游戏里是无法覆盖线下社交、众多玩法体验等需求的。但是在 Roblox 游戏社区中，由于其强大的游戏功能和社区性，使得游戏模糊了线上、线下的差异，实现了对更多玩家需求的覆盖。

第9章
数字藏品火爆，NFT 是数字资产的确权

NFT（Non-Fungible Tokens，非同质化代币或通证）是可锚定现实物品的数字凭证，由于其独一无二、稀缺、不可分割等特点，可用来代表虚拟收藏品、游戏内资产、虚拟资产、数字艺术品等各种资产。现在的游戏中，我们打怪升级赚到的金钱只能在游戏中使用。在游戏中，我们创造的东西无法与现实世界打通，虚拟的永远是虚拟的，哪怕你在虚拟世界再厉害，在现实生活中也可能只是一个失败者。现实世界中的文学作品、音乐作品和影视作品是有明确、清晰的版权归属的，但是到了虚拟世界里，里面的头像、表情包、数字绘画，甚至你在游戏中自己搭建的房屋，这些东西又怎么去确定产权的归属呢？ NFT 就是做这个的。它是为虚拟的数字资产提供确权和产权交易的一个工具。NFT 是连接数字资产与现实世界的桥梁，为元宇宙内数字资产的产生、确权（确认资产的权属）、定价、流转、溯源等环节提供了底层支持。一切可以被确权的数字资产终将被确权。

9.1　初识 NFT

NFT 是什么？一幅纯数字作品的 JPG 图片文件为什么可以拍卖出近 7000 万美元的天价？相信很多人都对这些问题充满了疑惑。本节将为读者一一阐述。

9.1.1　NFT 的现象级案例

如图 9-1 所示，数字艺术家 Beeple 从 2007 年开始每天都在画一幅画，最终将 5000 幅画拼接成一个 316 MB 的 JPG 文件，作为 NFT 出售。这件花了 14 年时间创作的作品《EVERYDAYS: THE FIRST 5000 DAYS》，最终在英国著名拍卖平台佳士得以 6934 万美元的价格拍出，超过 4.5 亿人民币的价格大幅打破了 NFT 收藏品的拍卖纪录。Beeple 是一名来自美国的素人艺术家，目前他已成为加密艺术领域的头号明星。

图 9-1

虽然这听起来很荒谬：花了这么多钱，就只证明我是这幅画的实际拥有者吗？但这确实是 NFT 狂热中很关键的一点。人们收藏 NFT 作品的一个原因是，这种收藏行为可以帮助他们彰显自己在数字领域的地位。NFT 正以狂澜之势席卷娱乐、游戏、体育、艺术、音乐、时尚等各个细分领域。

如图 9-2 所示，这几张像素都不太高的头像是加密朋克（CryptoPunks）公司出品的 NFT 头像，卖出了上百万美元的价格。加密朋克系列由 1 万个 24×24 像素的艺术图像组成。

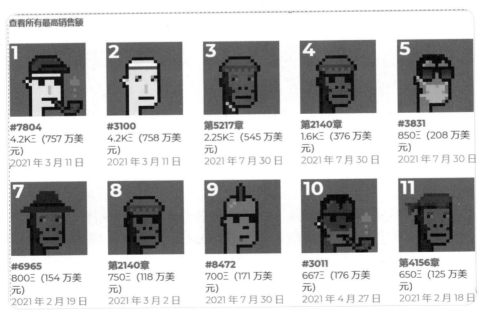

图 9-2

笔者认识的一个朋友蔡某花费 125 ETH 买了一个加密朋克的头像。一幅 JPG 头像，花费 40 万美元，现实的我都觉得太魔幻了。笔者看不懂，但却大受震撼，为什么一幅图片能卖出天价？蔡某换了头像后，我也下载了这幅图片，换成自己的头像，感觉一分钱没花就占了 40 万美元的便宜。虽然其他人马上可以下载一幅一模一样的头像，但是区别在于其他人没法证明这幅图片是属于他的，而蔡某可以。想想麦当劳的标志，你可以复制、打印、使用它……但是谁真正拥有这个标志？还是麦当劳。NFT 是所有权的证明，它把信息变成资产。信息是可以被复制的，资产是不能被复制的。

■ 9.1.2 区块链的追本溯源、防篡改特性

要想说明 NFT，首先给读者普及一下区块链的追本溯源、防篡改特性，因为 NFT 是区块链技术的一种应用。

简单来说，区块链本质是一种开源分布式账本，它是比特币和其他虚拟货币的核心技术，能高效记录买卖双方的交易，并保证这些记录是可查证且永久保存的。同时，区块链本身具有去中心化、去中介化、信息透明、无法篡改和安全等特点。

区块链的烧脑解释是这样的：追本溯源、不可篡改是区块链的一大应用。今天，我们就请 5 位皇帝来帮你理解区块链为什么能防伪、防篡改。在讲区块链为何能防篡改之前，我们先来回顾一下历史。熟知历史或古装剧看得多的朋友，应该都知道几个史实：康熙皇帝后面的 3 个皇帝分别是他的儿子雍正、孙子乾隆、曾孙子嘉庆。这几个都是子承父业继承皇位（除大清最后一个皇帝溥仪外）的，每个皇帝都有很多儿子（比如，雍正有好几个儿子，除了当皇帝的乾隆外，剩下的皇子只能当王爷）。若将图 9-3 所示的皇帝们类比成区块链，那么每个格子里的皇帝和相关信息代表着每一个区块，而这些皇帝之间的血缘关系将他们按时间顺序连接起来。

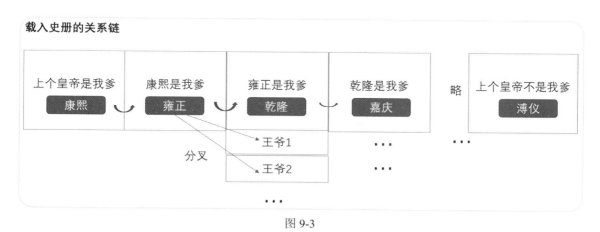

图 9-3

在区块链中，区块之间的关系就类似于图 9-3 中几个皇帝之间的关系，无形中被某种关系关联起来。若上文提到的雍正皇帝不慎被"反清复明"的人给推翻了（也就是被篡改），那么清朝就不会延续下去了，乾隆、嘉庆等后面的所有皇帝可能都不存在了，后面的所有历史都要被迫重写。

这里有一个计算机术语叫哈希值（Hash Code），哈希值是对文件内容数据通过逻辑运算得到的不可逆的唯一数据散列值（散列值通常用一个短的随机字母和数字组成的字符串来代表）。每一个文件内容（文档、图片、音视频等）都有唯一对应的哈希值，哈希值也被称为数据身份证、数据指纹。只有完全相同的数据（电子文档、图片、音视频、程序等）进行哈希计算得到的哈希值才是相同的，不存在两个不一样的数据得出相同哈希值这种情况，这种唯一性特征可以保障电子数据的完整性，即防数据篡改。在区块链中，每个区块都包含上一个区块所有数据包的数据指纹（哈希值），计算当前区块的数据指纹（哈希值）时，同时包含上一个区块的数据指纹（哈希值），形成链接关系。所以，一旦任何一个区块的数据产生变动，后续所有区块的数据指纹（哈希值）都会变动，所有人都能发现数据被篡改，并丢弃且不认可这种无效数据。这就保证了区块链数据的不可篡改。

在日常应用中，我们的区块链数据是同步给所有节点记录的，所有人都像知道历史事实一样知道区块的正确顺序，也能查阅到相关数据，这就是区块链防伪、防篡改的特性。比如，大家都已经知道雍正之后的下一个皇帝是乾隆，突然有个小学生说雍正下一个皇帝是袁世凯，很明显，这种言论（篡改）没人会相信，也是无效的、违背共识的。

■ 9.1.3 NFT 的定义

人类的资产核心可以抽象成两类：一类是非同质化的，此类资产不可拆分，两两不同，不可等价；另一类是同质化资产，指可以拆分、可以等价交换的资产。NFT 意为不可替代的通证，也有翻译为非同质化代币的。与其相对的概念是 FT（Fungible Token），即可替代的通证或同质化代币。黄金是同质化 FT；房产、油画是无形资产，属于非同质化 NFT。

怎样理解 FT？ 大家都知道的比特币、以太币、美元、人民币等货币是同质化的，它们的价值是相等的，比如，你的 100 元人民币和我的 100 元人民币是一样的，可以等价交换，100 元也是可以拆分的。而 NFT 是非同质化的、不可以拆分的。每个 NFT 是独一无二的，它具有一个唯一的识别代码和元数据，简单来说，就是每个 NFT 都有一个身份证号，不能被盗用。正是因为这个代号不同，其价值也不同，如同世界上没有两颗钻石是相同的，每颗钻石都有其独特的价值。机票则可以看作是现实世界中 NFT 的例子，尽管都可以让持有者登机，但是不同的机票对应不同的机舱座位和目的地，购买价格也不同，并且机票上标志了持有者的姓名和身份信息。房地产就是一种非同质化资产，每个房地产的布局、面积、位置、用地规划、公用设施和估值都是不同的，因此是独一无二的。

NFT 利用区块链技术能力来对应独一无二的实物或数字资产。NFT 的所有权通过区块链网络进行验证和追踪，用户可以验证每个 NFT 的真实性，并追踪溯源。因此，NFT 也可以认为是由原创者在区块链上发行的真实性证明，通过加密技术来证明 NFT 的持有者是官方标的资产的真实所有者。一幅图片、一条视频、一首歌都可以创建一个副本，记录在这个区块链的账本上，成为一份合约，这才是 NFT。NFT 使得原本被称为虚拟、数字的产物，成为可以永久拥有、保存、追溯的数字资产。

比如笔者花很多钱买了一个奢侈品，但是需要很高的成本去做鉴定，而在数字世界里不存在真正的假货，因为通过数字签名和密码学技术可以很快地分辨出真假。NFT 目前更多被用于"艺术作品"上，以"数字收藏品"的形式被售出。人们对 NFT 作品需求的增加和大量媒体的报道，NFT 这把火越烧越旺，NTF 作品的价格也开始一路走高。比如，Twitter CEO 杰克·多西将自己在 2006 年发布的首条推文制作成 NFT 并对外转买，如图 9-4 所示，竟卖出了 1630.58 以太币的价格（约为 290 万美元）。

图 9-4

这不由得让人好奇，推文也能做成 NFT？事实上，只要是能够数字化的东西，如公仔、门票、音频、鞋子、影片等，都能做成 NFT，所谓"万物皆可 NFT"。

9.2 NFT 的重要功能

9.2.1 版权保护

在传统互联网时代，往往只需要复制、粘贴就可以大量传播作品，版权保护面临的问题是，在互联网上，盗版几乎没有成本，且数字、图片作品可以在短时间内被传播无限次，追踪源头和使用方式成为难点。

NFT 的存在意义就是为每个单位的创意作品提供一个独特的、有区块链技术支持的互联网记录，基于其不可大量复制、非同质化的特点，可以通过时间戳、智能合约等技术的支持帮助每一件作品进行版权登记，从而更好地保护版权。

NFT 的版权保护成为 NFT 创造初期主要的应用之一，比如艺术家 WhIsBe 在 Nifty Gateway 上将一部 16 秒的金熊动画以 NFT 的形式售出了 100 万美元的价格；纽交所将历史上一系列有里程碑意义的 IPO 做成了 NFT；《纽约时报》也将一个专栏转变为 NFT 的形式。同时，越来越多的艺术家通过 NFT 的形式发表作品，也代表了他们对 NFT 对作品版权保护的看好。因为 NFT 的独特性和不可复制性，在侵权后追究问题相较于传统互联网作品会非常简单。

NFT 的核心功能是数字确权，这是因为基于区块链系统以太坊的 EIP-721 协议诞生的 NFT 可以充当数字世界中的所有权凭证。但在国外，NFT 浪潮和加密艺术、赛博朋克等概念是紧密相连的，这种差异性也使东西方 NFT 概念衍生的流行文化出现不同。

NFT 对于作品的加密、记录将加速版权保护和作品溯源，对于文创产业的创作者有重要的激励作用。版权保护一直是国内传媒行业的痛点，尤其是传统文创行业。由于侵权造成的经济损失逐年增加，在互联网上寻找侵权内容的时间成本也在逐年增加，在一定程度削减了创作者的创作动力。NFT 的加密功能可以保护版权并让创作者更容易被溯源，从而增加收入奖励。

9.2.2 资产数字化

首先，NFT 可以使之前不能变现的虚拟物品资产化。在传统互联网中，虚拟资产的价值往往很难兑现，哪怕是游戏中的金币和物品也只能在单一游戏中小范围地交易。而被 NFT 赋能后的虚拟物品有了全新的所有权确认体系，并且在底层区块链上得到了巨大的扩容市场。这使得 NFT 得以突破人为设定的某一圈层，并不热衷于 NBA 球星卡的人也可以将 NBA Top Shot 数字球星卡作为一种资产来持有，使得 NFT 真正意义上成为具有实际价值的资产。

资产数字化将实体产业中的资产进行处理后转变为 NFT 代币上传至区块链上，除了上述资产流动性的优势之外，还有其他资产数字化的优势。如图 9-5 所示，NFT 抵押借贷平台 NFTFi 是一个点对点 NFT 抵押贷款市场，允许 NFT 资产持有者将其持有的 NFT 作为抵押品来借入资产，以及贷款给他人。推出 NFTFi 的原因是，与法定资产、股权以及其他类型的资产相比，艺术品和收藏品市场的流动性很低，对于 NFT 资产而言更是如此。NFT 产品将为 NFT 资产提供大量流动性和借贷功能，来满足用户的多样化资金需求。

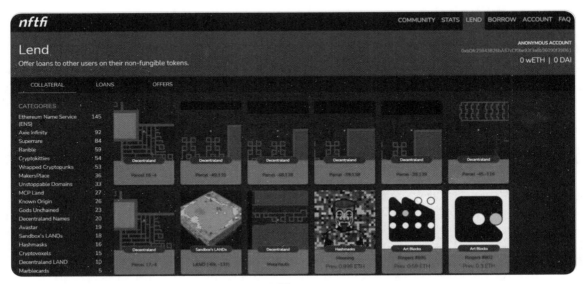

图 9-5

9.2.3 资产流动性

传统资产的流动性受到监管、物流以及交易效率等多重影响，而 NFT 通过将资产本身制作成区块链上的代币，以去中心化的处理方式大大加速了资产的流动性。目前，NFT 最大的应用领域还是收藏艺术品的小范围市场，只要艺术家在平台上进行完整的认证及作品的授权，就可以进行艺术品自由交易。长期来看，各个领域都可以实现完整的 NFT 形式的资产流动性，促进各个行业的数字化进程。比如目前市场上受到关注的 NBA 数字卡牌，对比传统的数字卡牌，具有卡片之间品质差距明显、估值透明、交易方便和更精美的画面的优势，从而在市场上迅速走红。

9.2.4 虚拟世界的身份识别标志

虚拟世界的社交属性需要更强的沉浸感和开放包容的环境，这是当前网络游戏的短板之一，比如工会、私聊等。元宇宙将允许来自全球各个角落的用户随时随地进行互通和交流。在强社交属性的项目中，身份识别是最基础的需求。一个最终服务于几亿人的标准化身份识别标志，需要既简单快速又能准确识别身份信息的标志，NFT 的不可重复、不可复制和相对简单的架构正符合这一需求。

传统身份管理系统需要委托中心化机构，在保证信息稳定不可修改的同时，损失了透明度和传输效率，尤其是在参与人数众多的系统。NFT 包含独特商品资产或身份认证信息——每个人都拥有独特的属性和身份信息。NFT 可以集成个人信息、教育信息、病例记录和通信地址等并将其数字化，存储于区块链上并由个人轻松掌握，实现去中心化内容存储。这在拥有大量用户的元宇宙应用中，既可以实现信息安全，又可以实现去中心化。

9.2.5 虚拟世界的数字形象

元宇宙平台不会与任何单一的数字及真实应用程序或场景绑定，正如虚拟场景持续存在，穿梭在其中的对象和身份也是如此，因此数字物品和身份可以在虚拟场景中转移。在元宇宙构建虚拟空间成功之后，每个参与者都需要一个虚拟形象，基于虚拟形象，人与人可以在元宇宙中建立虚拟的社交关系。

在现代的游戏社交中，各个玩家在参与社交的过程中进行社交识别和了解的第一步就是进行外观的识别。而元宇宙是一个独立于现实世界的虚拟世界，社交过程会脱离现实世界，在社交过程中对身份地位的识别就是在元宇宙平台上对数字形象的识别，高级好看的数字形象会带来更多的社交需求和社交意愿，也是类似身份地位的象征。

另外，2021 年 8 月 27 日，NBA 金州勇士队球星史蒂芬•库里（Stephen Curry）在推特更新了自己的 BAYC NFT 头像，如图 9-6 所示，一个穿着粗花西装的猿猴头像，他购买这个头像共花费 18 万美元（55 以太币，约 116 万人民币），又一次引发了市场的关注。

这是库里继 NBA 传奇巨星科比（Kobe Bryant）去世后第一次换头像，此前他一直设置的是自己跟科比的合影，更换头像这一举动引起了人们广泛的关注。

BYAC（Bored Ape Yacht Club，无聊猿游艇俱乐部）是 Yuga Labs 公司孵化的 IP。如图 9-7 所示，"无聊猿"是由 1 万个猿猴 NFT 组成的数字收藏品合集，包括帽子、眼睛、神态、服装、背景等 170 个稀有度不同的属性。它们通过编程方式随机组合生成了 1 万个独一无二的猿猴，每个猿猴表情、神态、穿着各异。拥有猿猴头像就意味着加入了无聊猿游艇俱乐部，并享有俱乐部的福利。

图 9-6

图 9-7

"无聊猿" NFT 是目前全球最火热的 NFT，地板价（最低价格）已经超过 110ETH（约合 34 万美元），"买猴"已经成为一种具有象征意义的消费行为。在 BAYC 社区，无聊猿头像可视作一种身份象征，只要你的钱包地址中有 BAYC，就相当于获得了进入 BAYC 俱乐部的资格，并享有俱乐部的福利。

9.2.6 虚拟世界中重要的数字资产 |

目前，NFT 的数字资产及收藏品功能已经成为最主要的 NFT 应用。NFT 正逐渐成为虚拟世界的社会地位象征。NFT 是加密货币的其中一个类别，相较于比特币无差别、可互换的同质化特性，这也让 NFT 代表的资产具有唯一性。在人们将大量时间应用于元宇宙时，其数字资产就成为展现其身份地位和财富实力的象征，类似于现实世界的收藏品。

每个人都可以通过可穿戴设备很轻易地进入虚拟世界，并使得虚拟物品很方便地在现实世界交互。在那里，每个人都可以在虚拟空间展示自己的车、包、服装与收藏品，这是一片尚待开采的、具有无尽想象空间的土地。当然，还有一部分年轻人单纯是因为喜欢，会把虚拟物品真正当作"悦己"的艺术品来收藏。NFT 具有一些实物没有的优势，比如线上收藏不用受空间的约束，也不必担心随着时间的流逝而损坏、丢失等。

再比如游戏 CryptoVoxels，创造者将其定义为一个"属于用户的平行世界"，这个世界的土地、房间甚至像素都可以在 OpenSea 交易市场上进行交易，原因是该类资产全部以 NFT 的形式存在，将在区块链上永久得到保护。该类游戏可以被认为是元宇宙的雏形，即所有资产以 NFT 形式存在，更容易得到保护和自由交易的权利。尤其在元宇宙中，NFT 的数字资产去中心化交易将出现极高的交易流量，NFT 的底层逻辑正满足这一要求，也是目前发展得最好的 NFT 应用之一。

另外，NFT 与线下实体的联动是具有影响力的传统企业得以轻易对接到元宇宙中的手段。在元宇宙中有一个非常重要的假定，那就是在未来的某一天，当用户在线下购买了一辆汽车，那么在元宇宙的世界里也会存在同样的一辆汽车供他使用。这件事在不久前被兰博基尼实现了，数字收藏品平台 ENVOY Network 推出了 NFT Wen Lambo，由著名荷兰当代艺术家 Pablo Lücker 定制绘画。该 NFT 的买家将收到由豪华汽车经销商 VDM Cars 交付给他们的定制喷漆稀有的兰博基尼。虽然现在这位 NFT 的持有者还不能开着他的兰博基尼畅游元宇宙，但是谁说在未来不能实现呢？

9.3 何谓数字藏品（国内的 NFT）

数字藏品是国内对 NFT 本地化的一种新称呼，去除了 NFT 的代币属性等相关概念，逐渐被国内消费者认知。以腾讯幻核、鲸探为首的数字藏品交易平台摸索出了当前国内政策和技术环境下合规可行的交易市场规则。

9.3.1 国内数字藏品与 NFT 有什么区别 |

NFT 是数字资产真实性与所有权的可靠证明。这个定义非常准确。NFT 只是一种技术形式，它承载的是一切被数字化的商品。随着海外 NFT 市场的爆发式增长，经历漂洋过海的 NFT 到中国市场演化成为数字藏品。国外 NFT 交易是用代币，但是国内肯定不被允许，只能使用人民币。

我们已了解，根据区块链的应用范围，可以将区块链分为三大类：公有链、联盟链和私有链。公有链、私有链和联盟链的区别如表 9-1 所示。国内数字藏品与 NFT 最大的区别是不在公有链发行，而是由不同的平台发行在各自的联盟链上。联盟链的各个节点通常有与之对应的实体机构组织，通过授权后才能加入与退出网络。各机构组织组成利益相关的联盟，共同维护区块链的健康运转。

表 9-1 公有链、私有链和联盟链的区别

比 较 项	公 有 链	私 有 链	联 盟 链
准入限制	无	有	有
读取者	任何人	仅限受邀用户	相关联用户
写入者	任何人	获批参与者	获批参与者
所属者	无	单一实体	多方实体
了解参与者	否	是	是
交易速度	慢	快	快

数字藏品可以理解为中国特色、受监管的另类 NFT。每个数字藏品都映射着特定区块链（联盟链）上的唯一序列，同样具有不可篡改、不可分割、唯一标识的特点。国内数字藏品主要用于收藏和自我观赏为主，数字藏品基本上都会限量发售。不同于珠宝、玉器、艺术品等传统意义上实物形态的藏品，数字藏品通过底层区块链技术将特定的艺术收藏品生成的唯一数字凭证放进收藏者的网络账号。每一枚数字藏品具有唯一性，独一无二，有自己独立的编号。

新华社上线了国内首套新闻数字藏品，央视网发布了 1 万份虎年数字藏品，阿里巴巴、腾讯、百度、京东、小红书等加速布局，浙江、湖北、湖南、河北……博物馆相继涌入。连国际奥委会都难以免俗，在"一墩难求"的背景下迅速与 NFT 平台合作发售"冰墩墩"数字盲盒。

国外 NFT 和国内数字藏品有显著的区别：

（1）底层链不同。NFT 的作品都是基于去中心化的公链发行的，比如以太坊等，允许在任何一个平台上交易。而国内数字藏品平台基本都是建立在各自的联盟链之下的，不同平台铸造的数字藏品目前是无法实现跨平台流转的。比如在阿里鲸探购买的数字藏品无法在腾讯幻核平台上分享收藏。

（2）监管问题。NFT 本质是去中心化的加密资产，是匿名的，不受中心化机构监管，自由度较高。而国内的数字藏品需要实名认购，数字藏品平台需要符合行情政策，接受严格的监管。

（3）买入方式不同。NFT 一般是通过 ETH、USDT、SOL 等虚拟货币进行买卖的，国内数字藏品只能以人民币购买。

（4）流通问题。国外 NFT 可自由流通、自由交易，完全由市场定价，所以价格容易被市场炒作，流通性会比较好。而国内数字藏品目前暂时不能随意流通买卖，对于二级市场交易有严格的约束和监管，尽量减少投机和炒作的现象出现。

NFT 来到国内市场，因为被弱化了交易属性、金融属性，更加符合监管要求，且 NFT 化的对象多为藏品、艺术品，所以用数字藏品来表述更为合适。虽然数字藏品的流动性会受到限制，但价格也会比较稳定，金融风险比较低。在海外 NFT 本质上是一种艺术名义的数字金融产品，而在国内数字藏品本质上是探索数字形态的文化新消费，两者的路径完全不同。虽然争议不断，但数字藏品的政策红利仍在不断释放。

国务院印发的《"十四五"数字经济发展规划》，其中就提到"构建基于区块链的可信服务网络和应用支撑平台，为广泛开展数字经济合作提供基础保障"。由腾讯、蚂蚁集团、中国信息通信研究院、北京邮电大学、之江实验室等机构共同提出的《基于区块链的数字藏品服务技术框架》国际标准项目立项建议获得通过，区块链数字藏品将迎来首个国际标准。

9.3.2 国内数字藏品目前的进展

随着 NFT 数字藏品市场持续升温，就连博物馆似乎也找到了文物的新玩法。疫情之下，博物馆卷起来了，不过卷的不是文物，而是数字藏品。如意在我国是一种代表吉祥的珍玩，沈阳故宫博物院的新年纳福数字如意作为首发藏品，在腾讯数字藏品平台幻核发售，如图 9-8 所示，8000 份数字藏品瞬间售罄。

如图 9-9 所示，鲸探发售的"错金银铜虎噬鹿屏风座"的数字藏品是河北博物馆的镇馆之宝，同样秒光。

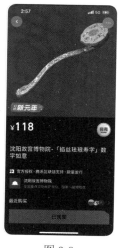

图 9-8

图 9-9

这些 NFT 数字藏品的推出无一不是被"抢购一空"。NFT 数字藏品在国内的火爆程度可想而知。业内人士看来，文物"数字化"既能抢救和保存文物数据，也能拉近与年轻人的距离，是博物馆无法抗拒的浪潮，数字藏品是具体运用之一。中央财经大学文化经济研究院发布的《区块链技术激活数字文化遗产研究报告》，提出区块链技术具有规范数字内容标准、明确数字内容的权利归属、完善数字博物馆建设的三大作用，可以激活数字文化遗产，推进数字文创发展。

文物经过二次创作而产生的数字藏品所包含的原本文物信息量是有限的。消费者如果能通过数字藏品了解文物的年份及主要特点，并吸引他们走进博物馆了解实体文物，进而去观展，就已经达到文化传播的目的了。发行数字藏品也是一种文化传播的手段，消费者相互赠送数字藏品，扩大传播面，效果更好。

数字藏品的传播面在扩大的同时，应用的领域也越来越丰富，除了文物外，还有影视、音乐、摄影、动漫、游戏、非遗等，越来越多的领域与数字藏品赛道"牵手"。歌手阿朵在个人微博发布了新歌《WATER KNOW》，全曲采用 NFT 技术进行数字加密，并将封面和歌曲的署名权公益拍卖，这是国内第一首 NFT 数字歌曲公益拍卖，最终作品以 304271 元人民币的价格成交。爱奇艺推出过《风起洛阳》主题数字藏品，这不仅是爱奇艺首推国风数字藏品，也是剧集 IP 首次拉开元宇宙帷幕。

数字文创是文创类的数字藏品的衍生品，是文创产品的属性，通过二次创作让博物馆里的文物故事传播得更远更广。数字文创不仅可以产生艺术价值，它一旦上线，就具备了社交的属性，增强了传统文化的传播度，让年轻人拥有对传统文化的认同感和归属感。

在疫情常态化时代，品牌以消费者为中心，将数字藏品为核心的全域消费者运营作为品牌逆势增长的突破点，推进用户关系加深并提升关系价值。例如，农夫山泉 2022 限定数字藏品活动于"农夫山泉天猫官方旗舰店"及"抖音农夫山泉官方旗舰店"进行，如图 9-10 所示，活动发行了 1000 款数字藏品，每款设计均不相同，独一无二。

图 9-10

新事物的出现必然会伴随监管政策，目前国内推行 NFT 时的谨慎态度也反映了其对 NFT 合规的重视。例如幻核 App 要求用户必须实名制认证，才能进行数字藏品的作品认购，没有开放二级市场。同时，在幻核 App 上，玩家不能出售自己的藏品或作品，只有平台审核授权过的品牌、IP 方和艺术家经过邀请后才能在平台上发布作品。

数字经济发展迫切需要数字权益的确立与保护，NFT 数字藏品市场的火爆说明诸多领域数字化发展需求旺盛。相信随着这一领域在国内外不断地发展，法律法规会更加规范化。任何新事物的产生，其底层都是技术的更新迭代，以及满足社会进步的大势所趋。

■ 9.3.3 数字藏品平台的背后价值 |

数字藏品突然爆火，很多玩家可能还不太清楚数字藏品有哪些价值，单纯因为投机而入场。虽然国内的数字藏品的相关监管政策还没进一步完善，但一些大厂巨头都非常看好其市场前景，说明数字藏品平台的背后有一定的价值和竞争因素。

（1）联盟链的技术实力与联盟链联盟方的权威度和信誉度。与去中心化的公链不同，联盟链的共识机制和验证节点由联盟方所决定，因此链上数字资产权证的真实性和安全性有赖于联盟链联盟方的权威度和信誉度。在非完全去中心化的情况下，有互联网大厂做背书的平台更能被收藏者所信赖，因此更受到项目发行方的青睐。

（2）数字藏品的特性，使其应用非常广泛，数字内容资产化。数字藏品基于区块链技术，可以赋予数据文件独特的标识，它可以管理数字资产以及拥有、使用数字资产的信息和许可范围，具有去中心化、可溯源、不可篡改的相关特性。正是这些特性，让其可以应用在非常广泛的领域，如公益、体育、娱乐、文旅、文博、供应链、艺术、游戏、时尚、房地产等场景中，大大推动了互联网的进步，也推动着社会的进步。数字藏品是一种全新的资产类别，其本质上是不可替代的，并且从底层区块链技术来讲，它也是无法被复制的，并且可以跟踪到它的出处和交易记录。所以当拥有了这一款数字藏品，也就意味着持有者拥有了其"真品"的所有权价值。而在传统数字形态的作品中，用户无法真正拥有这个作品的所有权。但基于区块链的数字藏品可以真正意义上让数据形态的作品实现权属清晰、数量透明、转让留痕，把数字内容"资产化"，成为赋能万物的"价值机器"。

（3）艺术家等个人 IP 被激活，赋能创作者经济。艺术收藏品的价值往往取决于艺术家的创作能力，也取决于新生代消费者对于艺术收藏品的审美和认可。而新一代的消费者往往具备很强的互联网基因，所以数字藏品的出现让艺术家们更加愿意进行艺术的表达。对于年轻的艺术家来说，越来越多的人能够通过互联网、通过数字藏品看到他们的创作，这本身也是应当被支持的。在区块链技术出现之前，数字艺术品可以随便被复制和使用，难以确认版权所属，创作者也很难获得版权收入。但通过区块链可以对数字藏品进行通证化并加密签名，进行有效交易。创作者也可以从作品的不断交易中获得版税收益。所有交易都是在区块链上通过智能合约执行的，真实性都可以通过加密验证，可以防止欺诈和剽窃行为的发生。

（4）数字藏品除了收藏价值外，还有其他附加价值。我们购买数字藏品，肯定是出于喜欢或爱好（笔者并不建议炒作数字藏品），毕竟千金难买"我喜欢"，所以一千个人心中有一千个哈姆雷特，因为数字藏品的唯一性，所以它的收藏价值是非常大的。数字藏品也有一些附加价值，例如它的"数字身份象征"。随着数字社会的发展，数字身份象征也被应用于更多场景中，就好像我们在现实生活中拥有了一张进入上流社会的入场券一样，比如国外 Maxwell Tribeca 的一家社交俱乐部要求拥有某种 NFT，即可享受不同程度的会员价优惠。一些社交圈层也会因为数字藏品的出现而发生改变。

数字藏品结合各行各业重新焕发新价值已经是大势所趋，虽然国内的数字藏品市场还有一些乱象存在，但相信随着各平台监管以及相关部门的政策更加规范，数字藏品会被发掘出更加出色的价值意义，并且更合法合规地发展。

9.4 NFT 数字藏品时代的企业品牌营销

就目前来看，NFT 已经席卷了各个领域，从头像、收藏品、艺术品，到游戏、音乐、体育，再到茶饮、房产、门票等，NFT 一直在拓宽应用领域。

国内数字藏品在年轻人市场中已经打开局面，已经逐渐成为一种年轻人的新消费潮流。有些品牌还会将数字藏品与大热的盲盒连接起来，这种方式本身就能吸引很多年轻消费者。数字藏品能在一些社交平台个人主页中展示，有个性且能社交，这也满足了大部分年轻人追求特立独行、独一无二、分享互动的心理。一部分人已把数字藏品看成是一种对身份的认定，是进入某个圈子的"门票"。

从品牌营销角度，数字藏品甚至成为一种"标配"，从快消品到奢侈品，几乎所有品牌在营销策划时都会融入数字藏品设计，借助全新的数字化体验、酷炫的形式为品牌营销带来更多的活力。

从短期看，品牌推出数字藏品相关营销活动，与内容、互动、社交、私域、情感、大事件营销等相融合，可以增强品牌热度，消费者的参与热情将被尽情释放，也有助于建设品牌形象。从长期看，数字藏品将对品牌营销模式产生一定的影响。数字藏品采用区块链技术对特定数字内容与用户进行认证，与品牌资产经营管理，沉淀核心用户资产，持续联结用户与管理用户全生命周期，有着天然的适配性。

某种层面，NFT 更像是一种"潮流"，绝大多数的知名品牌往往希望跟上"潮流"，从而体现自身在市场上的领先地位。当第一家品牌开始做 NFT 时，其他品牌可以观望；当第二家品牌开始做 NFT 时，其他品牌开始蠢蠢欲动；当第三家品牌开始做 NFT 时，其他品牌决定"我们也要做 NFT"。正所谓，竞争对手做了这件事，我不跟上，也许我的品牌就错失了一个营销良机。将 NFT 融入，创造新的讨论"话题"，吸引更多的人参与。更重要的是，品牌希望通过做 NFT 这件事，向行业表达出品牌的创新精神和无限创造力。

下面我们来看品牌是如何利用 NFT 数字藏品进行营销活动的？

1. 创新玩法：直播 + 盲盒 + 数字藏品

如图 9-11 所示，奈雪 6 周年生日季时，不仅官宣来自元宇宙的 IP 人物 NAYUKI 为品牌大使，还采用了"直播 + 盲盒 + 潮玩 + 数字藏品"的全套策划，发布 NFT 数字权益艺术品，耳目一新的售卖方式有效触达消费者，在上线 72 小时后产生了 1.9 亿销售额，帮助品牌实现了流量转化。

这其中最令人关注的就是盲盒手段，区别于目前的大多数盲盒里的作品款数有限，且隐藏款有限，数字藏品的盲盒往往会通过较低的制作成本来大量制作不同款类、不同细节的数字藏品作品。又因为每一款都有细微差别，会大大降低盲盒购买者的厌烦情绪。对于 B 端，可以通过控制一部分特征的稀有性来进行饥饿营销，拉高需求以获取更高的收入。

数字藏品营销中的核心因素还是在于"稀缺性"，尤其是知名艺术家＋品牌知名度的叠加，再加上数字藏品本身的唯一性，让数字藏品具备了一定的收藏价值，认同数字藏品价值的人或者认同其品牌价值的人就愿意为此买单。

图 9-11

2. 结合游戏化场景，提升用户黏性

NFT 游戏能诱发人们的内在激励，有效实现态度和行为转变，很大程度上激发了消费者的活跃性与黏性。NBA 与区块链公司 Dapper Labs 合作开发的收集型游戏 NBA Top Shot 是目前最成功的 NFT 游戏之一。收藏者通过游戏化的方式，如开瞬间包盲盒、挑战赛、高级别竞技等获得正版 NBA 球星高光集锦数字藏品。相比较传统球星卡片形式的粉丝参与方式，如图 9-12 所示，NBA Top Shot 是一个展示 NBA 球星的视频短片的 NFT 产品。与传统的 NBA 周边产品 NBA 球星卡相比，NBA Top Shot 形式更为丰富，且不可复制，球迷可以完整地拥有某一个视频片段。这会给粉丝带来与 NBA 更加紧密的联系，因此会变现一部分粉丝付费的意愿，NFT 产品也可以为 NBA 带来潜在的营收来源。

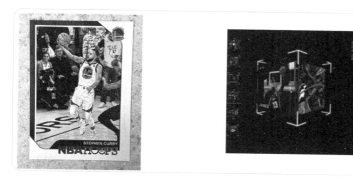

图 9-12

NBA Top Shot 发展出了一个庞大的社区，该社区对 NBA 品牌更加忠诚，提高了比赛收视率和球员收视率，NBA 评论员现在会说"这是值得 NBA Top Shot 的时刻！"品牌可通过 NFT 游戏创造真正具有黏性的内容，变革玩家间的交流方式，升级玩家与品牌的关系，最终使他们从普通游戏玩家转变为品牌社区建设的推动者。

3. 作为奖品激励消费者，促进产品销售

美国 AMC 电影院首推买电影票奖励 NFT 营销活动，凡购买且到场观看新电影《蜘蛛侠：无路可走》的前 86 000 名高级会员，将收到 AMC 与索尼影视娱乐合作设计的蜘蛛侠主题系列 NFT 奖励。电影票发售当晚，AMC 在线售票量猛增，流量空前，达历史最高值。

奥迪与知名艺术家程然以新奥迪 A8L 60 TFSIe 为灵感，创作系列 NFT 作品"幻想高速"描绘先锋未来场景。前 100 位车主可随机抽取"幻想高速"系列 NFT。奥迪粉丝纷纷留言"这个 NFT 作品真不错，想要这款""简直是梦幻联动，这个币要飞起来""独一无二的艺术专属""这次给车主的礼物尊贵感拉满"，更有网友求转让 NFT。

4. 社交裂变玩法，推动更多用户的参与热情

在抓住变化的同时，坚守不变，是奥利奥的做法。奥利奥的饼干是其独特的品牌符号，在饼干元素上进行创新，一直是奥利奥营销的特点。

如图 9-13 所示，奥利奥推出了新款黑白灰饼干，在洞悉消费者群体偏好的基础上，锚定了国风这一主题，并以黑白灰为底色，以周杰伦的国风音乐为助力，将《千里江山图》解构成了 5000 份数字饼干，推出了全球首幅数字水墨长卷及宣传片，实现了饼干、数字藏品、国风三者巧妙的结合。

在这个案例中，国风、水墨、饼干是主角，数字藏品的创意和承载属性更为明显。消费者可通过多次购买或分享给多位好友获得更多抽奖机会。把社交裂变与 NFT 热点结合，奥利奥将消费者的参与热情推向高潮。

5. NFT 像徽章纪念品，增强消费者的情感沟通

为纪念品牌创始人路易·威登诞辰 200 周年，LV 推出了主题纪念游戏《Louis: The Game》。游戏以前往世界各地收集 200 支生日蜡烛的冒险题材，让玩家了解品牌成长的历史故事。玩家在游戏中可收集 30 个 NFT 奖励。NFT 将玩家这

图 9-13

场"治愈心灵的旅行"刻印成独家记忆，无形中加强了玩家对奢侈品牌 LV 的无限向往。

国内支付宝集五福活动案例便以数字藏品这一载体将"虎"的传统符号用于新春创意营销。支付宝与全国 21 家博物馆合作，用户可在福气商店用多余福卡兑换"虎文物"数字藏品，以独特的方式纪念虎年春节。通过五千年传统的艺术菁华与面向未来的区块链技术的融合创新，支付宝集五福活动再次打动用户，向成为"当代春节传统习俗"又迈进一步。

6. 实体产品与数字藏品绑定，打造双重意义

美国橄榄球联盟 NFL 在 2022 年的超级碗比赛中为观众提供免费 NFT，该 NFT 像一张独一无二的电子球票，对应每位观众所在区域、排位和座位。正如 NFL 副总裁 Bobby Gallo 所说的，"收集门票一直是球迷喜欢做的事，提供定制的超级碗 NFT 能增强球迷体验"，NFT 门票兼具传统门票功能与艺术收藏和纪念价值。未来品牌可为艺术展、服装秀、快闪店、体育赛事等制作含有活动时间、地点、主题、明星、艺术家等关键信息的 NFT，以更具收藏价值的形式帮助参与者纪念有意义的事件。

数字藏品与实体产业之间的赋能是相互的，虽然并不是所有实业都能够和数字藏品产生碰撞，但是已经有不少领域的实业和数字藏品相互赋能，效果不错。比如嵩山少林景区的数字藏品，在集齐之后，10 年内到该景区游玩均可免门票，算下来这也节约了不少钱，相当于开了个 VIP。而像灵稀发售的"奇达熊带你游京城"数字藏品，包括一本精美的北京旅游纪念册、北京景区门票权益，数字藏品则是免费赠送的。可以说数字藏品和实体产业相互赋能，这才是大势所趋。

7. 与大事件营销融合，更深入营销用户心智

如图 9-14 所示，伊利在北京冬奥会期间首次推出"冠军闪耀 2022"数字藏品，包含 7 款特别款和 1 款隐藏款。特别款全球限量发行 2022 份，隐藏款是世界首款开放个人定制 NFT，全球限量 17 份，属于极度稀缺藏品。数字藏品不仅将伊利的奥运品质与创新精神触达更多年轻的消费者，还帮助品牌与消费者建立更长久和紧密的情感连接。赞助品牌可以用 NFT 记录赛场历史性的重要时刻，如中国女足惊天逆转进球、谷爱凌突破个人极限夺冠等，因为长期持有的数字藏品永存数字世界，不会随比赛的落幕或广告投放的减少而消失。

通过"全球限量 17 个"这一限量领取的方式，伊利数字藏品的稀缺价值进一步放大，抽到隐藏款的用户纷纷在话题内"花式炫耀"，而在没抽到隐藏款的用户群中，这一事件也成了新的谈资。包括但不限于数字藏品营销，稀缺度与参与感都是激发用户兴趣的不二法门。

8. 直接售卖数字藏品 探索品牌多元收益

虽然目前大多数国际品牌选择将 NFT 售卖所得捐赠慈善机构，但该行为可解读为品牌正在试水 NFT 产业化，包括品牌将在未来直接售卖虚拟主营产品，利用品牌独特资产或优势创造 NFT 等可能性。

特立独行的法国奢侈品牌巴黎世家通过深入挖掘巴黎世家经典作品，不仅为粉丝最喜

图 9-14

欢的 4 个《堡垒之夜》（Fortnite）游戏角色打造了 4 套 NFT 时装，准确呈现了巴黎世家标志性面料的外观和质感，还将时装功能化，如 Speed 3.0 运动鞋在游戏中能变成锄头道具，Hourglass 包可变成滑翔机道具。巴黎世家通过推出 NFT 时装，在游戏中开设零售店增加了新品牌收益来源；同时，品牌也在现实世界中与《堡垒之夜》合作，推出了限量版实体服装系列，将联名效应从虚拟世界导流回现实世界，形成消费闭环。

9. 利用数字藏品开拓新营销场景空间

如图 9-15 所示，必胜客在加拿大市场推出过一款"像素化比萨"NTF 作品，仅售 0.0001 以太币（当时约 0.18 美元），当时必胜客推出这款比萨是想表达一个理念：让每个人都买得起比萨。这场营销活动成功引发了大众的好奇心，并逐渐成为必胜客的常规营销活动，而之后的每周，必胜客都会发布一个新口味比萨的 NFT。

图 9-15

还有一个经典案例，某老字号白酒品牌在旗舰店开售实物白酒数字藏品 NFT，虽然价格不菲，依然抵挡不住大家的热情。例如它发行了 4 款 NFT，以盲盒的形式随机抽取获得，售价为 599 元 / 个，这 4 款 NFT 可分别获得价值为 1299 元、1599 元、2199 元、21990 元的高端张弓酒一份，有点像彩票抽奖，而用这个 NFT 数字藏品可以在线下随时提取实物白酒，也可将此 NFT 进行交易或使用。

更重要的是，持有白酒 NFT 的藏家们还可以进入元宇宙，一个由白酒 NFT 发行合作方打造的虚拟世界，白酒 NFT 的拥有者可获得土地、地产、城市、酒店、休闲空间等，也可以变身成为土地经营者，和其他元宇宙新人类一起互动、社交。相当于又多了游戏元素，这些显然对年轻人非常有吸引力和新鲜感，也就是说，传统酒企通过 NFT 的纽带，使品牌与消费者在虚拟世界产生了更紧密的联动。而通过带有自身文化属性的 NFT 作品，还可以传达自身独特的白酒文化，让年轻一代消费者产生黏性和认可，而这是传统酒企在传播和社群方面的劣势。简单来说，就是"实物白酒＋数字藏品 NFT＋虚拟世界"的新型消费模式。这种模式的优势在于，它满足了多维度的消费者需求，尤其是勾起了年轻消费者对于元宇宙和数字收藏品的兴趣。

而通过元宇宙的形式，使得白酒实物数字藏品的价值可以快速大范围地传播出去，不仅在发行新产品上做到更好的预热，并且可以满足各个类型人群更加个性化的需求，最终获得品牌效应与商业效应的双赢。

10. 品牌年轻化，让经典品牌焕发新活力

年轻消费者成为国内家装市场的中坚力量，国民老品牌红星美凯龙面临从 60 后到 90 后的品牌跨越式挑战。而要与年轻消费者做多维沟通，NFT 是最佳载体之一。如图 9-16 所示，该品牌于 2021 年 12 月底发行国内家居行业第一款 NFT 数字藏品"爱家摩天轮"，消费者点击公众号文章即可免费领取，999 份限量藏品在发行不到 2 小时内就被领完。此次 NFT 发行无疑增强了品牌的年轻潮流形象，让更多年轻人关注和支持红星美凯龙。LV 和耐克等国际名牌借 NFT 拉近与年轻人的距离，国内品牌也可以参考一下，以多元化方式提前布局年轻化策略，实现品牌年轻化的目标。

图 9-16

11. 把数字藏品与公益结合，增强品牌的公益性

如图 9-17 所示，GUCCI 制作了首部 NFT 时尚短片，并将这部短片进行拍卖，拍卖所得的款项将捐赠给慈善机构，从而提高落后地区的疫苗接种率。GUCCI 要拍卖 NFT 作品的消息传出后，相继引发了各类媒体的报道。GUCCI 基于本身的高知名度，加之 NFT 的稀缺性，将品牌价值发挥到了极致，既吸引了各界人士的围观，又提高了自身的品牌好感度和独特 体验。

腾讯联合敦煌研究院发布了文博领域首个公益 NFT，用户在"云游敦煌"小程序参与敦煌文化问答互动，即有机会获得敦煌"数字供养人"典藏版 NFT：带有莫高窟第 156 窟的全景数字卡片，每答对一题，腾讯公益将随机进行配捐，以支持敦煌莫高窟数字化保护。

年轻消费者尤其重视品牌是否能就自己关注的问题发表意见，对主动承担社会责任的品牌更有好感。通过举办 NFT 慈善拍卖、赞助艺术家等形式，品牌不仅焕新了企业做慈善的方式，还使品牌的善意借助 NFT 的科技链条更加透明、安全、高效地嵌入社会公益浪潮中。

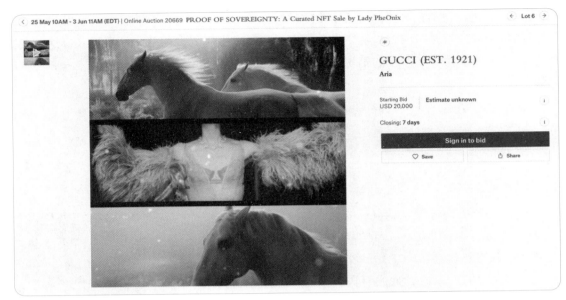

图 9-17

以上案例通过发挥 NFT 的营销作用及相关玩法，品牌能在不同触点增强与消费者的联结，获得品牌热度与话题，提升品牌形象，转化商业利益。明年将是品牌进入 NFT 营销初创红利期的探索之年，品牌起步越及时，创造空间越大。随着疫情的反复发生，人们的工作与生活越发向数字世界转移，数字资产的重要性毫无疑问会不断提升。NFT 让元宇宙中的各种数字物品的价值归属、产权确认、虚拟身份的认证都成为可能。相信随着国内数字藏品行业规范化发展，NFT 数字藏品必将成为助力品牌数字化的有效载体，提升品牌在数字世界的价值和影响力。

9.5 NFT 数字藏品的思考和总结

NFT 数字藏品能衍生出更多数字资产形态，将是虚拟世界数字资产的确权解决方案。尽管当前市场交易主要以收藏品、艺术品、游戏为主，但我们认为未来 NFT 有望持续衍生至金融、个人数据等领域，诞生更多的数字资产形态。长期来看，我们认为，NFT 为元宇宙虚拟世界内数字资产的产生、确权、定价、流转、溯源等环节提供了底层支持。此外，NFT 非同质化、独一无二的特性将进一步促进虚拟世界由实到虚、由虚到实的相互映射，加速虚拟世界经济系统的落地。数字藏品通过 NFT（非同质化通证）技术，将数字技术与实体经济相结合，是中国传统企业进入虚拟数字世界时代的重要突破口。

现在一些 NFT 数字藏品作品拍卖出天价，肯定是存在泡沫的。2022 年 4 月 13 日，中国互联网金融协会、中国银行业协会、中国证券业协会联合发布《关于防范 NFT 相关金融风险的倡议》，提出 NFT 作为一项区块链技术创新应用，在丰富数字经济模式、促进文创产业发展等方面显现出一定的潜在价值，但同时也存在炒作、非法金融活动等风险隐患。我们不否认泡沫的存在，但是相信在一轮又一轮泡沫被挤掉之后，NFT 的真正价值会逐渐显现出来。

我们再来看国内数字藏品市场，虽然处于发展初期，但势头十分迅猛，数字藏品平台的数量、藏品种类、发售额、用户数量等数据急速增长，这一切都勾起了人们对未来该市场的无限想象。数字藏品之所以受到社会的广泛关注，从管理机构，到发行市场，再到用户，其背后都蕴藏着巨大价值。

2022 年，上海市人民政府办公厅印发了《上海市数字经济发展"十四五"规划》，其中提到，支持龙头企业探索 NFT（非同质化通证）交易平台建设，研究推动 NFT 等资产数字化、数字 IP 全球化流通、数字确权保护等相关业态在上海先行先试。同时，还提到将打造具有影响力的元宇宙标杆示范应用。工业和信息化部工业文化发展中心（ICDC）旗下的数字版权藏品平台"天工数藏"上线公测。中国邮政文创数字藏品平台上线试运行，由腾讯云至信链提供区块链技术支持，是其推动文创数字化产业高质量发展的新尝试。

数字经济的快速发展正在带动新一轮的数字创新技术探索。2022 年 6 月 10 日，《人民日报》第 10 版中刊出《善用数字藏品拓展应用场景》一文，文章肯定了数字藏品的正向价值，指出数字藏品的应用场景正在不断拓展，对于博物馆而言，数字藏品激活了数字文化遗产，推进了数字文创发展；对于景区而言，数字藏品拓展了文化消费的新场景。文章提到，要善用数字藏品的正向价值。目前，数字藏品正在成为推动我国文创发展的重要路径，数字藏品的正向价值被国家肯定。数字藏品正在营销服务、数字内容、文创、历史等更多的场景落地，作为元宇宙的重要基础工具，央媒对其正面价值的肯定一方面有助于降低政策的不确定性，助力其在更多应用场景落地；另一方面也有助于加速数字藏品的探索与商业化。无论怎样，借助一句流行语：未来已来，只是尚未流行！

第 10 章
"人"潮汹涌，虚拟数字人探路未来

元宇宙大热，虚拟数字人先行，作为主角破圈而来。虚拟数字人竞相亮相，吸引着大众的眼球。从获得 2021 年万科总部最佳新人奖的数字化员工"崔筱盼"，到江苏卫视 2022 跨年演唱会的虚拟人"邓丽君"。这个"族群"正在逐渐渗透人类生活。衣，直播间里虚拟主播接待你；食，虚拟代言人给你推荐汉堡套餐；住，某房企的虚拟员工拿下了最佳新人奖；行，虚拟人成了炙手可热的车模。也许真正的元宇宙未至，但虚拟数字人已经照进现实。

10.1 虚拟数字人行业背景介绍

10.1.1 什么是虚拟数字人

最近，虚拟数字人火了。在北京冬奥会上，有将近 30 个虚拟数字人存在。他们不仅能在气象节目上帮助听障人士进行手语播报，还能为选手和观众实时播报体感寒凉指数、穿衣指数、感冒指数、冻伤指数、防晒指数、护目镜指数等气象信息指标。虚拟数字人能干的事这么多，你甚至会有一种错觉，仿佛置身于赛博朋克世界，全息影像触手可及。

如图 10-1 所示为做客央视《体坛英豪》节目的虚拟数字人，她在整个冬奥会期间与冬奥体育健将谈笑风生，同时兼任新华社特约记者探访奥运场馆。

图 10-1

过去的奥运会，赛前火爆的虚拟形象福娃，到奥运正赛几乎没有在镜头前出现。如今随着技术的进步，冬奥会和虚拟数字人全程紧密地结合起来，弥补了之前福娃的遗憾。虚拟人可以在冬奥赛事演播室中完成滑雪赛事解说、播报及场景电商的虚拟互动等工作。

现在虚拟形象的诸多问题早已被证明是多虑。互动性不再是问题，虚拟数字人在强大的AI 人工智能和计算能力的加持下，即使是面对观众要求说绕口令的刁难，她也能巧妙应答。

与现实的连接更不是问题。当年在上海东方商厦南京东路店 1 号口的奥运专卖柜台抢购福娃的人，他们不会想到，采购今天冬奥会的吉祥物冰墩墩，只需要在虚拟数字人的直播间蹲守。而数字人也早已不再是单纯的宣传形象，他们能够胜任的工作将越来越多。他们甚至能走上脱口秀的舞台，调侃时事热点，帮助人们获取冬奥知识，增加社交谈资。这背后的技术是虚拟数字人根据场景智能获取和处理文本信息，并通过专门学习脱口秀演员的脚本编写逻辑，生成逻辑通顺、有一定文采、更贴近自然人的沟通语言。

2021 年 11 月，央视新闻 AI 手语虚拟主播正式亮相。如图 10-2 所示，这个形象亲切自然、动作精确、实时转译的主播，从 2022 年北京冬奥会开始，全年无休，为听力障碍群体做好报道。要知道在全球有约 4.3 亿人有中度及以上程度的听力障碍。根据全国第二次残疾人抽样调查数据，中国听障人士有 2700 万，AI 手语主播的出现可以为听障朋友提供手语服务，让他们能够更便捷地获取比赛资讯。AI 手语主播需要两个引擎：通过语音识别、自然语言理解等技术驱动的手语翻译引擎和自然动作引擎。意思就是一个负责把文字或语音翻译成手语动作，另一个负责进行虚拟驱动，把动作在 3D 高精度仿真人像身上呈现出来。

图 10-2

可能会有人担心虚拟数字人取代人类。其实虚拟数字人更像是帮助人类更加高效工作的角色，让更多的生产力解放出来，做点自己喜欢的事。这是我们触手可及的现实。虚拟数字人是一把人类进入人机协同时代的钥匙。可能未来的哪一天，虚拟数字人就可以自己打工养活自己了。当更多的虚拟数字人与我们"生活"在一起时，那将是更有想象力的时代。

根据人工智能产业发展联盟发布的《2020 年虚拟数字人发展白皮书》，虚拟数字人具备三大特征：

（1）拥有人的外观及性格特征。

（2）拥有通过语言、表情或肢体动作表达的能力。

（3）拥有识别外界环境、与人交流互动的能力。

虚拟数字人又简称为虚拟人或数字人。而元宇宙是虚实结合的数字世界。在未来的元宇宙世界中，一类虚拟原生人会以虚拟主播、虚拟偶像等形式存在，另一类数字人则是现实社会中的人类在虚拟世界中的映射，无论是哪一类，都将是元宇宙世界的重要参与者与建设者，将极大地促进元宇宙的生态繁荣。预计在社会关注和资本加持驱动下，元宇宙应用场景将加速拓展，虚拟人业务需求将进一步得到提升。

10.1.2 虚拟数字人的分类

调研分析当前市场上的数字人，可以分为以下 4 种：

1）按人格象征维度，虚拟数字人分为虚拟 IP 和虚拟世界第二分身两大类

虚拟 IP 指其在现实世界中并不存在对应的真人，其外貌特征、基本人设、各类偏好、背景信息等均由人为设定，如由网易伏羲提供技术支持的麦当劳开心姐姐等。

虚拟世界第二分身主要面向的是未来的虚拟世界，把为每个人创造自己的虚拟化分身作为最终目的，满足个人在虚拟世界的社交、娱乐、消费等需求。

2）按人物图形维度，虚拟数字人形象可分为 2D 和 3D 两大类

虚拟数字人从外形上可分为卡通、写实等风格，综合来看可分为二次元、3D 卡通、3D 高写实、真人形象 4 种类型。如图 10-3 所示，二次元是指在平面空间呈现，只能以单个视角去浏览，在制作过程中已经确定了视角，用户不可自行更换视角。3D 卡通是指三维立体模型，可呈现在立体空间，能够以任意视角去浏览。3D 超写实与真实的人类极为接近，超写实是指人物外观仿真度高，栩栩如生，面部材质不仅十分接近真实皮肤的质感，还可以根据相机的距离进行自动优化，皮肤、五官、头发、肢体几近真人。真人形象虚拟数字人的特征来源于真人，目前主要应用于 AI 合成主播。

3）按产业应用维度，虚拟数字人可分为身份型虚拟人和服务型虚拟人

如图 10-4 所示，虚拟数字人能够按照应用场景区分为两类：一类是身份型虚拟人，如虚拟化身和虚拟偶像，这类虚拟人拥有独立身份，被赋予具有个性的人格特征；另一类是服务型（功能型）虚拟人，这类虚拟人能够投入生产和服务，以虚拟化身的形象执行偏标准化的工作。

图 10-3

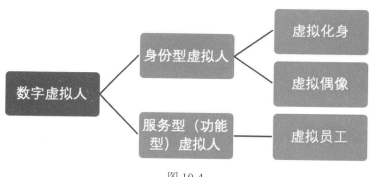

图 10-4

身份型虚拟人是真人形象在虚拟世界的具象表达。这种类型的虚拟数字人可作为消费者进入虚拟世界的 ID，在游戏和泛娱乐领域得到最先应用，表现在游戏玩家角色设计、社交平台个人虚拟数字人形象的生成等。虚拟人物不仅有原创的，明星也在尝试打造"虚拟分身"，一方面适应年轻一代的审美和需求，另一方面突破自己原有的人设，以更加多元的形象获取更多的商业机会。

服务型虚拟人则是代替人类进行各类公众服务类角色扮演和提供社会服务。相较于聊天机器人、数字助理和数字人，服务型虚拟人的优势在于与人工智能高精度建模，使其能更大范围地承接社会工作。从影视到金融再到游戏，虚拟人可以承担多种服务型角色，为用户提供智能高效的人性化服务。新华社的虚拟记者、央视的虚拟手语师、具备 IP 属性的虚拟偶像都属于此列，这些工作需要人的形象，成为服务型虚拟人很好的落地场景。

10.2 虚拟偶像

■ 10.2.1 虚拟偶像的定义和特点

虚拟偶像是通过绘画、动画、CG 等形式制作，在网络等虚拟场景或现实场景进行演艺活动（如歌手），以商业、文化等具体需求制作培养，但本身并不以实体形式存在的人物形象。无论 2D、3D 还是其他的表现形式，只要以满足用户对成长、美好的向往为出发点进行的公开活动，都可划分到偶像范畴。虚拟人可以被打造为虚拟偶像，同样也可以成为虚拟演员、虚拟作家等。虚拟偶像具有参与性强、无负面信息等特点，给消费者带来了情感陪伴，圈粉了一波年轻人。

虚拟偶像的特点说明如下。

1. 粉丝参与性强

虚拟偶像来自热门的绘画、音乐、CG、动画，将其制作成一个可以在现实场景出现的虚拟偶像的官方，并没有对其进行任何背景的设定。除了官方外，其粉丝也可以通过开放式的平台参与内容的创作。比如，虚拟偶像洛所演唱的歌曲除了来自嘉宾曲目外，还有来自粉丝通过 VOCALOID（电子音乐制造语音合成软件）平台创造出来的歌曲。

对于创作者与虚拟偶像来说，这样开放式的创作模式是"互利互惠"的，广大的虚拟偶像创作者让他们的作品有机会得到更多人群的喜爱，是一个很好的传播平台。同时，通过创作者创作出来的优秀作品，可以使得更多的人喜欢上虚拟偶像。除了在音乐方面外，因为绝大多数虚拟形象版权开放，使得关于虚拟偶像的作品大量涌现。

创作者的作品为虚拟偶像这件漂亮的"躯壳"注入了灵魂。在创作过程中，创作者所投入的创作精力使之对虚拟偶像的感情也不断加深。

2. 虚拟偶像人设稳定

首先与真人偶像相比，虚拟偶像的外在容颜不会衰老，是永葆青春的状态，这是真人偶像无法达到的特点。永远维持着粉丝对于虚拟偶像最初的美好期待与印象，自然不会因为容颜的老去而丧失部分粉丝的喜爱。对于虚拟偶像的内在，他们可以实现人设的定制化，这是以往品牌与真人偶像营销合作中所不能实现的。

虚拟偶像是虚拟存在的一个人物，不会传出一些毁灭自身形象的绯闻，并且其被创造时会被赋予一些正能量，也可以根据粉丝的意愿和喜好打造出来一些特质。在运营的过程中不会有负面信息的干扰，运营风险也会比较低。对于当下真人偶像人设的不确定性因素，虚拟偶像在合作过程中便可完美地规避这一隐患，让品牌主不再时刻担心真人偶像代言人的人设随时可能面临崩塌，转而给品牌带来负面影响。

3. 周边产业多

虚拟形象在进行良好的运营之后，也可以产生写真集以及相应的手办，从而扩大它的产业链，使其利益最大化。

随着互联网与信息传播技术的不断发展，社交媒体、虚拟社区等平台的快速涌现，数字与技术赋权下的消费者在网络上容易形成圈层明确、分工明确、排外性强的组织。消费者大多数时候通过移动终端就可以拥有展现自我的机会，并进行线上分享和传播，不断在社群内扩大影响力。

虚拟偶像的 UGC 创作往往是基于兴趣爱好的，同一虚拟偶像吸引着相似的粉丝关注，他们在同一语境下可以进行互动交流与沟通，加深着对同一价值观的肯定，收获普遍认可。这样的情况下，他们往往对于不同的声音会保持警惕和戒备，不想破坏在外人看来是小众且不被理解的观点。

他们在社群内高度自主地产出内容，并能促使社群互动大量出现，满足不同的心理需要，进而促进虚拟偶像的繁荣。优质的内容生产者往往成为社群中的意见领袖（KOL），负责社群的日常维护与管理，加强了社群的归属感与认同感。

10.2.2 虚拟偶像的流派

虚拟人中最火爆的当属四大流派：时尚流、歌舞流、次元流和短剧流。

1. 走时尚达人路线的虚拟人——时尚流

时尚流，就是走时尚达人路线的虚拟人，有 3 个显著特点：相貌如模特，着装潮流；高仿真，宛如真人；以图片为主，主要出现在时尚社交平台，如国外的 Ins、国内的小红书。

如图 10-5 所示，从左至右的虚拟偶像依次为西小施、AYAYI、ALiCE、Reddi，这是走时尚达人路线的虚拟人。时尚流是最受大众、社会关注的虚拟人流派，在当今时代，由于其高仿真又时尚的特质，比较容易形成社会影响力。时尚流虚拟人最受品牌方的青睐，一旦火起来，通过品牌合作就可以很快实现商业变现，带来收入。

图 10-5

如图 10-6 所示是最具代表性的 4 位时尚流虚拟人。左 1 是来自日本的 IMMA，左 2 是国内的 AYAYI，左 3 是国内的 LING 翎，左 4 是美国的 Miquela Sousa。

图 10-6

如图 10-7 所示，IMMA 出现在屈臣氏饮料上，据终端市场消息，反响很好，直接拉动了产品的销量上升。

图 10-7

如图 10-8 所示为虚拟偶像翎 Ling（左）和 AYAYI（右）。翎的国风时尚、AYAYI 的国际感未来时尚代表了国内虚拟人的两大翘楚，获得了众多品牌的青睐。

图 10-8

时尚流也得到了大平台的明确支持，比如小红书发起了"潮流数字时代"计划，站内虚拟人博主将完成 GUCCI、Givenchy、Maison Margiela 等品牌新品全球首发上身合作。虽然时尚流看起来非常风光，也容易通过品牌方合作变现，但是其背后的"坑"也是很大的，一不小心就会掉进"坑"里。因为时尚流也有不足和风险：

1）时尚流极依赖形象，大多数人做不到位

时尚流其实是要凭空创造一个超级模特，这是非常难以做到的。只有当虚拟人的美感、时尚感、性格特征足够拔尖、超脱众生，才有可能成功。而实际上大部分想走这个路线的，由于主创作的审美不到位，很难达到预期的效果。

2）图片容易，视频极难

尤其是超模型虚拟人，国内外都是以图片为主，这是因为视频极难控制，视频制作成本也极其高昂。而能不断出短视频的，往往都极短，因为目前只能做到这一步。

3）目前做不到高质量直播

但凡是时尚流的虚拟人，都没有做直播，因为目前的技术水平还无法达到让高仿真、高质量、高时尚范儿的虚拟人在直播时达到足够好的效果。我曾经看过一些走时尚流的虚拟人进行直播带货，说实话，效果相当一般，表情僵硬，动作穿帮，BUG 不断，效果欠佳，相当打击时尚达人的观感。这就导致但凡是形象突出、初建江湖地位的时尚流虚拟人，她们为了保证形象，只敢出图片和超短视频，而不敢贸然进入作为虚拟人最重要应用场景之一的直播。

2．歌舞流

歌舞流就是走唱歌、跳舞路线的虚拟人，也就是虚拟歌姬。国内最典型的代表是 QQ 炫舞的虚拟代言人星瞳，如图 10-9 所示。

图 10-9

星瞳已经出道几年，积累了相当多的人气。其技术上下了极大的功夫，目前已经可以做到像真人舞台一样，一切表演和互动都是实时发生的。但不同的地方在于，虚拟形象的表演自带特效，更加绚丽，比如星瞳在舞台上表演时，会有游戏标志性的按键符号特效伴随着舞蹈动作，在每一次大招时增加表演的感染力。

如图 10-10 所示是星瞳在刚刚推出时在江苏卫视节目上的演出。

图 10-10

为了达到歌舞流的效果，星瞳有非常多套演出服装，在演出中不断更换，还有非常优秀的舞蹈团队在背后支持。

说到歌舞流，就要介绍一下虚拟偶像洛天依，洛天依在歌舞上做了大量技术、创作和表现上的发展优化和储备，目前仍是国内的翘楚。如图 10-11 所示，虚拟偶像洛天依登上了2021 年春节联欢晚会。

图 10-11

歌舞流虚拟偶像浪潮正在国内快速发展和演变。歌舞流既前途远大，又陷阱重重，想走这一路线的新入局者要知道几个必备条件：

1）歌舞流投入巨大，极其考验综合能力

这就好比要凭空创造一个歌舞巨星，既需要优质的形象、一流的技术，又需要优秀的、长期配置的歌舞编导团队，还需要舞台、美术、化妆、道具的综合设计在后台强力支持。总之，这是需要大资金投入和大厂支持的。

2）歌舞流是次元圈的

这是很多新入局者忽略或漠视的问题，即歌舞流首先必须在二次元圈打响名望，先以二次元圈的爱好者为主要对象，而不是先考虑大众。这是因为，目前能接受和喜爱歌舞流虚拟人的人群，主要是次元圈的年轻人。

3）歌舞流不一定能出圈

换句话说，歌舞流即使在次元圈成功，也不一定能真正出圈。以国内目前几个最具代表性的歌舞流虚拟偶像为例，即使有广泛知名度，其真正的粉丝还是在次元圈里面。所以品牌方目前其实更愿意和时尚流虚拟人合作，而不是和次元圈的小众型虚拟人合作，这是做虚拟人必须考虑的问题。

3. 次元流

次元流其实和歌舞流有很多重叠之处，之所以要单列出来，是因为还有大量的次元流虚拟人，并不以歌舞见长，或者说主要通过虚拟直播的方式来吸引粉丝和发展，更加生活化和陪伴化。

如图 10-12 所示为爆红的 A-SOUL 组合，既有歌舞能力，又会花大量时间在 B 站上进行直播，凭着中二风格和背后可爱的中之人性情，吸纳了大量粉丝。

图 10-12

A-SOUL 的背后是乐华娱乐，由字节跳动和阿里巴巴共同入股，是国内蹿升速度最快的原创虚拟偶像团体之一。

还有 B 站的七海，如图 10-13 所示，就不以歌舞见长，而以直播陪伴为主，是一个典型的可爱的、有性格的次元流虚拟人，在 B 站上拥有 76 万粉丝和近 2000 人的大航海舰队。

图 10-13

在 B 站还有成百上千个次元流的虚拟人每天进行直播，和粉丝们同呼吸、共分享，逐步积累起人群和影响力，并且，这些虚拟人已经直接通过打赏和加入舰队获得了收入。

下面总结一下次元流虚拟人的几个关键特点，方便想在这一路线出道的新入局者参考：

1）投入成本相对较低，更看重次元风格

由于次元流虚拟人的技术相对成熟、成本低廉，因此这是在众多流派中成本最低的进入方式，关键是要建立起自己独特的次元风格，去获得次元爱好者的喜爱。

2）中之人极为关键

很多人不理解，这些纸片式的二次元虚拟人为何能吸引众多粉丝并获得喜爱和打赏，其实，这其中的关键是背后的中之人。中之人就是角色配音，但却不以真面目示人。这个特征类似于特摄片中的皮套演员或者日系超级机器人动画中的机师，所以在日本，有时会形象地称声优为中之人。以动作捕捉和面部捕捉技术为基础的职业"虚拟主播"，其幕后的演员也被称为中之人。不过因为虚拟主播的表演与传统声优不太相同，除了演出"声音"以外，还要在动作、表情上进行表演。实际上，粉丝们不只是看中表面的形象，还很在意后面的中之人的性情、才艺和沟通力，换句话说，他们粉的其实一半以上的原因是后面的中之人，使得纸片形象真的有生命、有性格。

3）时间和陪伴很重要

由于是以虚拟直播为主要方式，因此直播的时长和陪伴感极为重要，事实上，几乎所有能成功的次元流虚拟人，都需要长时间的直播沟通和陪伴。因此，走次元流的虚拟人路线，成本和投入相对最低，也能在圈内达到初步效果，当然想要破圈，还需要更多积累，进行更大的突破。

4．短剧流

如图 10-14 所示，在抖音爆红、一天内破百万粉丝的柳夜熙就是这一类虚拟人，通过形象＋故事＋产业，开辟了短剧流虚拟人的新赛场。

图 10-14

走短剧流的虚拟人和之前介绍的时尚流、歌舞流、次元流的差异很明显，更加像是从剧中走出来的角色，因此她的场景、造型、妆容都更有世界观的设计感。未来一定会有更多的虚拟人通过短剧生活流这一方式入局，尤其在已被市场验证、受欢迎、有大平台支持的情况下。

想走短剧流虚拟人路线的入局者，需要有以下几种能力：

1）讲好故事的方法

柳夜熙幕后制作创壹视频是一家能频繁打造爆款短视频的公司，有一整套方法论支持短视频的创作。

2）制作技术的能力

据说，其幕后公司的 150 多人团队中，有一半的技术人员。

3）从小故事到元宇宙

其实柳夜熙之所以被认为有巨大潜力，就在于不只是形象和小故事，而是在其中可以看到一个宏大世界观的可能，并能发展成未来元宇宙中的子宇宙，这正是虚拟人未来发展必须考虑的因素。

■ 10.2.3 虚拟偶像对品牌营销的意义 |

1. 深植粉丝经济，促进精准营销

2020 年 5 月，虚拟歌姬洛天依做客淘宝直播间。在直播选品方面，洛天依在满足粉丝要求上，根据自身特点进行精准营销。比如，洛天依拥有着让广大粉丝所羡慕的大眼睛，当天她便为博士伦带货，各色美瞳满足了洛天依来自二次元粉丝 Cosplay 的需求。

这一带货方式便很好地利用了洛天依的粉丝基础，深挖粉丝经济，实现品牌产品对于虚拟偶像粉丝的精准营销，最大限度地转化粉丝购买力。同时，也快速实现了将洛天依粉丝转化为博士伦粉丝的可能性。还在此次直播上推出了联名电池，可以在演唱会上打 Call 的荧光棒，等等，都是围绕洛天依这一虚拟偶像的特点与属性，对其粉丝经济进行的深度挖掘。

2. 为品牌吸引新粉丝，促进延伸消费

现阶段，虚拟偶像与品牌的营销合作方式一般分为两类。第一类为品牌自建虚拟偶像。品牌需要从虚拟偶像的人设、内容、运营等方面进行设计，所需的周期也较长，需要较高昂的运营成本。在作用方面可以更好地将品牌形象具象化，同时也创建了一种触达用户的新场景，引导粉丝加入，增加消费的可能性。

第二类合作方式为品牌选择与现有的虚拟偶像进行合作，可以细分为两个方向：第一个方向是围绕虚拟偶像本身进行一些品牌推广、代言、联名合作等之类的商业合作；第二个方向是利用虚拟偶像的粉丝黏性，与粉丝、用户之间建立连接，增加粉丝经济的收入，主要的形式有周边售卖、线下演唱会、粉丝见面会等。

这种合作方式可以增加流量入口，并和消费者建立起良好便捷的沟通方式。对于自身拥有一定粉丝基础的虚拟偶像而言，粉丝群体喜欢二次元的人群。虚拟偶像不仅可以为品牌吸引更多喜爱二次元文化的年轻人，也可以为品牌注入二次元的基因，丰富品牌的内涵和文化。使品牌破圈以收获新粉丝，扩大影响，是增加变现的有力途径。

3. 为品牌注入时尚感，助推品牌年轻化

"95 后"在国内消费市场的话语权正在逐渐加大，品牌主为了在激烈的竞争关系中赢得优势，使产品更加贴合他们的消费心理，便需要积极调整或更新营销策略，也促使了国内消费环境与消费秩序的革新。当前产品的同质化问题日渐凸显，品牌仅从产品本身出发，想要挖掘出足够的吸引力往往有些力不从心。

因此，众多品牌纷纷关注到了被大部分年轻人所喜欢的虚拟偶像，并积极做出新的营销策略尝试，虚拟偶像连接了品牌与年轻消费者，使消费者建立起信任感的桥梁。虚拟偶像自二十世纪九十年代产生发展至现在，在短短几十年里不断与最新的科技手段结合，推陈出新，激发大众对于虚拟与现实边界等问题的讨论。

满满的未来感也成为时尚潮流的象征，同时品牌主通过虚拟偶像巧妙地为品牌注入时尚因素。对于品牌来说，没有一劳永逸的品牌营销策略，只有不断结合时代背景，推陈出新，才能更好地把握时代脉搏。虚拟偶像借助科技的翅膀，为品牌注入时尚感、未来感与新鲜血液，让品牌活跃在消费者面前，符合当前消费者的喜好和审美观。

10.3 服务型虚拟人

服务型虚拟人一般分为"替代真人服务"和"多模态 AI 助手"。替代真人服务是为了减少标准化内容的制作成本，为完成某一项功能服务而产生的。多模态 AI 助手强调在特定场景中提供关怀和事务处理，拟真人程度要求更高，更倾向于满足用户的情感需要。

服务型虚拟人受到热捧的重要原因之一是人们对人机交互的更深层次需要。从单纯的文本到语音，再到计算机视觉等技术的融合，人的天性倾向于融合视觉、听觉等多种感官的交互过程。而虚拟人背后的多模态人机交互技术恰好能够满足人对外界信息获取并逐渐升维的过程，让虚拟人看起来像人，听起来像人，更加具备人的温度。

通过文字、语音、视觉的理解和生成，结合动作识别和驱动、环境感知等多种方式，多模态人机交互能够充分模拟人与人之间的交互方式。

10.3.1 服务型虚拟人如何赋能企业

服务型虚拟人强调的是功能性和提供服务。服务型虚拟人的前身是聊天机器人，随着 Siri 的出现，一些智能语音助手也开始普及，当这些 AI 有了具象化的人类外观后，他们从提供服务的智能助手变成了提供陪伴的朋友和伙伴，甚至是家人。

1. 降本增效，永不离职的员工

虚拟人可持久使用，无时间、空间限制，比如永旺梦乐城策划打造的全国首个"无人化"咨询台，预计将节约至少 50% 以上的人力成本。

2. 熟悉业务，更多数字场景探索

多样化服务型虚拟人能获得更多商业化场景，拓展新的数字营销空间，从而逐渐改变消费者的习惯和企业生产模式，特别在金融、文化、医疗等领域的服务型虚拟人应用发展迅速。

3. 不会"塌房"的绝缘体

在社会影响力方面，虚拟人是一个更加稳定的商业代言人，帮助企业构建人格化形象，虚拟人的人设打造、造型设计、运营管理等可控性高，能通过技术手段进行即时调整，更能迎合公众偏好，同时其行为与表达受既定的程序规则所限，涉及其本体的负面新闻风险得以显著降低。

4. "面对面"更自然地交互

在体验方面，服务型虚拟人可以为企业客户提供面对面的交互，模拟真人社交场景，为信息增强可信度，并替代了原本的搜索体验，增进品牌与用户的情感联系。

5. 满足年轻人群体的社交需求

得益于"新潮""打破次元壁""高科技"等因素，这种创新的交互能最大限度地满足年轻消费者的社交需求，激发分享欲望，可能成为影响年轻人消费决策的一个重要因素。

6. 用技术体现人文关怀

现代人多少存在孤独、焦虑和社交恐惧的时刻，在用户心理层面，服务型虚拟人可以通过一些技术、设定以及 24×7 的在线支持来提供关怀、陪伴，满足现代人的情感需求。

10.3.2 如何做一个服务型虚拟人

服务型虚拟人的发展主要分为 3 个阶段，每阶段的受众有较大的区别。第一阶段：B 端行业探索及教育。完善行业解决方案，受众基于应用场景，是原行业领域的受众，定位较明确。第二阶段：B 端与行业深度融合，开始向 C 端扩展。B 端解决方案成熟，厂商以消费级设备、消费订阅制、C 端内容生产等开始向 C 端发力。这部分受众对科技、AI 更感兴趣。第三阶段：C 端应用成熟，出现大量衍生产品。随着元宇宙的发展，受众将扩大至更多的普通人。

一方面，虚拟人可以满足超越时空的个性化服务需求，让他们随时随地地享受服务。另一方面，得益于虚拟人的人类化特征，内容的传达更加有亲和力，可以提升服务的体验质量。

受众对服务型虚拟人有两大追求：一是更自然的人机交互，人类本身就是一个多模态学习的典范，天然就会选择更加符合人类生理自然的交互方式；二是多场景的情感陪伴，语音交互的使用和发展使得虚拟人能和人"沟通"，这种功能会让人与虚拟人相处起来更方便，在与人建立情感后，虚拟人也会慢慢成为家庭中不可或缺的成员。

那么重点来了，具体怎么做呢？

其实和做数字服务产品的思路相似，互联网产品的本质就是服务，服务型虚拟人也是一种把服务传递给用户的方式，在这个层面上两者有共性与相似点，而两者的核心区别集中在业务认知和技术层面上。

在业务层面，服务型虚拟人需要结合企业特色进行个性化定制，满足品牌形象树立和传播需求，在对话、知识、真人接管等业务编排方面进行深度打磨，梳理行业内的经营逻辑，并提前考虑用户对虚拟人的使用熟练度。

在技术层面，服务型虚拟人对计算机算力、拟真人程度都有较高的门槛，需要考虑对话与应用系统、AI 驱动引擎、多模融合感知引擎等。作为多模态人机交互领域的重要成果之一，虚拟人背靠前端声学处理、语音唤醒、语音识别、对话理解和管理、语音合成、计算机视觉和图形学等技术支撑。语音交互是在对话理解的基础上，通过对话管理生成对应的回复话术和内容服务，结合语音合成技术（TTS）生成播报音频；虚拟人多模态交互则需要在此基础上进一步理解播报文本所蕴含的表达信息，通过文本和语音分析生成对应的表情、嘴形和动作。

在形象驱动方面，虚拟人的行动需要呈现得更加流畅和自然，而不是像机器人那样僵硬。人在交流表达的时候，无论是手、眼还是表情，所有的肢体动作都是根据表达的内容和情绪去变化的。但虚拟人想要做到这一点，还需要更强大的 AI 机器学习和深度学习。AI 只有在学习了大量真人表情、肢体表达的数据之后，才会慢慢趋近于真人，但这是一个非常漫长的过程。

形象互动对于虚拟人来说尤为重要，因为虚拟人最大的卖点就在于互动性。如果虚拟人不能为用户提供自然、舒适的交互体验，用户很快就会失去兴趣。但这种互动性的提升其实并不简单。比如，人在回答问题时，通常会结合语句"上下文"，运用自己的背景知识很快给出合适的答复。智能虚拟人助手则需要通过学习大量人跟人的对话数据来构建和丰富知识库。这些数据的获取并非易事，因为 AI 学习所需的数据量十分庞大，且需要不断更新，其中的难度不言而喻。而且，在获得数据之后，AI 还需要对获取的数据进行质量把控和筛选，很难做到逐一排查。AI 如果没有辨别能力，在学习完数据之后，很难对习得的内容进行修改，所以有些不合时宜的语句很可能会对用户造成不良影响。

尽管虚拟人在技术上尚存难点，但近年来的底层技术其实也在不断进步。无论是语音识别、对话理解、语音合成等语音交互技术，还是唇形驱动、表情驱动等多模态驱动参数预测技术，建模流程和方案都在变得更加简单。算力的提升也会让虚拟人形象更加接近真人。手机等设备端的算力正变得越来越强，云端服务器的算力也在不断增强，促使 AI 工程师们可以生成更加复杂、更加真实的人物形象。

10.4 虚拟数字人的制作技术

虚拟数字人形象上分为 2D 和 3D 两大类，外形风格上又分为卡通、拟真、写实等类型。比如 Ling、柳夜熙等就是典型的 3D 超写实虚拟数字人。超写实是指人物外观仿真度高，栩栩如生，这种虚拟人需要面部面数在 1 万面以上，高精度，经得起 360° 无死角地怼拍。面部材质不仅十分接近真实皮肤的质感，还可以根据相机的距离进行自动优化，皮肤、五官、头发、肢体几近真人。

大家是不是很好奇，这种 3D 超写实虚拟数字人是怎么创造出来的？简单来说，一个 3D 虚拟数字人的制作需要经过形象生成、动画生成、语音生成 3 个环节。形象生成决定了虚拟人的长相，动画生成能够让虚拟人灵活地动起来，而语音生成则是让虚拟人开口说话，进行表达和交互。

■ 10.4.1 形象生成 |

形象生成部分最重要的是建模，常见的建模方式有手工建模、扫描建模等。随着科技的发展，效率更高的扫描建模技术逐渐成为人物建模的主流方式。

2D 虚拟人普遍使用静态扫描技术制作，即通过 40~60 个照相机对真人进行全方位拍照，根据拍照光线和角度进行矩阵扫描，从而在软件中呈现出 2D 立体形象。静态扫描技术仅需拍照搭配上少量所需的数据，就能以较低的成本制作出 2D 虚拟人形象。

而 3D 虚拟人建模对于软件和技术的要求较高，采用动态扫描技术，将采集到的光影效果或照片数据，通过人脸特征识别、空间变换组件、模型重建组件、骨骼变形组件、纹理融合组件等，搭配合成多模态 3D 模型，除了真实图像外，还包括卡通、二维等类型。

建模完成后，要想让冰冷的模型动起来，还需要进行一系列绑定和驱动。骨骼和肌肉绑定决定了模型后续的肢体动作和面部表情的自然度和流畅性。目前有骨骼绑定和混合变形绑定两种主流方式，而驱动分为真人驱动和智能驱动。

目前，虚拟数字人根据驱动方式的不同，可分为 AI 智能驱动和真人驱动（动作捕捉技术）。AI 智能驱动是指虚拟数字人可通过智能系统自动读取并解析识别外界输入的信息，根据解析结果决策虚拟数字人后续的输出文本，然后驱动人物模型生成相应的语音与动作来使虚拟数字人跟用户互动。

真人驱动是指通过捕捉技术采集真人演员的动作和面部表情数据之后，将这些数据迁移合成到虚拟数字人身上。动作捕捉（Motion Capture）是指利用外部设备对人体结构的运动进行数据记录和姿态还原的技术。光学捕捉和惯性捕捉是常见的动作捕捉方式，如图 10-15 所示，都需要穿戴动捕设备，使用门槛较高。

图 10-15

光学捕捉精度最高、对环境要求最高且硬件成本最高，惯性捕捉抗遮挡能力最强。光学捕捉多应用于医疗、运动、电影等专业领域。惯性捕捉在影视作品中也有较多应用，可以较好地呈现 3D 虚拟偶像形象并与用户进行互动。

　　基于计算机视觉的捕捉技术的出现大大降低了使用门槛。视觉捕捉则多用在消费级市场，可以通过手机自带深感摄像头完成基础的面部与肢体捕捉。深感摄像头目前在手机上多用于人脸识别和体感控制。相比需要穿戴动捕设备、租赁动捕棚的方式，驱动虚拟人只需要一台手机，使操作流程更加方便。

■ 10.4.2　动画生成

　　有了绑定和驱动，还需要通过渲染来生成动画。渲染指对三维物体或虚拟场景加入几何、视点、纹理、照明和阴影等信息，从而达成从模型到图像的转变。渲染决定了最终作品的质量与风格。渲染技术的升级是综合实力的体现，每一次技术提升对数字人皮肤纹理、3D 效果、质感和细节等方面提升巨大。

　　渲染技术分为两类：离线渲染技术（预渲染技术）和实时渲染技术，其本质区别是在目前发展状况的各项局限下，对时效性和图形质量间的取舍。

　　离线渲染技术不关心完成速度，这类渲染技术主要应用于影视动画等方面，其对真实度、精细度有较高要求，可使用更多的计算资源。离线渲染技术图像数据并不是实时计算输出的，渲染时间相对较长，计算资源丰富，可临时调整更多的计算资源。离线渲染多用于 2D 虚拟人。

　　实时渲染指图形数据实时计算与输出，其各帧都是针对实际的环境光源、相机位置和材质参数计算出来的图像。实时渲染技术重点关注交互性与时效性，适用于用户交互频繁的场景，如游戏、虚拟客服、虚拟主播等，此类场景要求快速创建图像。目前图形生产硬件和可用信息的预编译等提高了实时渲染的性能，但其质量仍然受限于渲染时长以及计算资源。随着硬件与算法的提升，实时渲染技术已具备较强的综合表现实力，预计将逐步普及，实时渲染多用于 3D 虚拟人。

　　时至今日，在面向元宇宙的虚拟人制作时，将更强调边缘侧算力。如前所述，元宇宙强调虚实结合，仅通过离线渲染是不够的，而实时渲染对算力提出了极高要求。算力大都集中在云端，但实时渲染恰需要在边缘侧解决，大量消耗边缘＋终端算力，这种架构与此前传统的通信算力架构有较大区别。引擎厂商无法解决边缘计算的算力问题，通信、IT 基础设施服务商将发挥更大的作用。

■ 10.4.3　语音生成

　　形象和动作都完成后，接下来就是让虚拟人开口说话。虚拟数字人的语音可以使用合成语音或者真人语音，经过人工智能技术加上持续训练，合成语音会越来越类似真人语音的声调、节奏和抑扬顿挫，并能实时对应唇型；而真人语音就是直接使用中之人（指操纵虚拟主播进行直播的人，指的是声优这个角色，也泛指任何提供声音来源的工作者）的声音，还可以通过声音变声器把中之人的声音转换为同一种声音，这样无论中之人怎么变换，声音也不会变，为虚拟人形象人设的稳定提供了一定的便利。

一般真实、逼真的声音合成需要语音噪声处理、语音识别、自然语言处理分析、问答系统、语音合成等处理技术和步骤。如果想达到真人声音的效果，简单地理解就是机器学习的维度更多，计算算力要求更强，最终目标是一比一实现真人声音的效果。

10.5 虚拟人行业前景和挑战

虚拟人行业虽然处在起步阶段，却正在高速发展。如图 10-16 所示，iiMedia Research（艾媒咨询）数据显示，2021 年中国虚拟人带动产业市场规模和核心市场规模分别为 1074.9 亿元和 62.2 亿元，预计 2025 年分别达到 6402.7 亿元和 480.6 亿元，呈现强劲的增长态势。

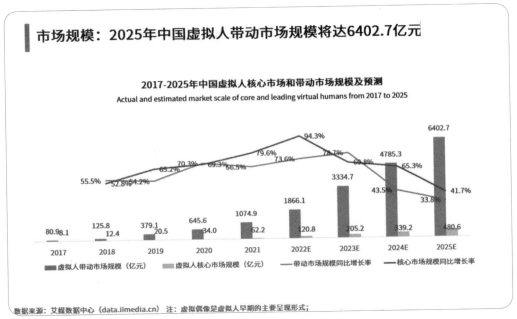

图 10-16

10.5.1 虚拟偶像市场规模稳步增长

目前虚拟偶像是虚拟人最为成熟的商业化应用，市场规模正在稳步增长。其中，虚拟人以虚拟主播 Vtuber（Virtual YouTuber）形式为主，主要原因在于门槛低、变现相对容易和迅速。Vtuber 最初专指在 YouTube 平台上的虚拟主播，后来泛指各种虚拟主播。虚拟主播的特点是外表套着一层皮，由中之人赋予灵魂。中之人即操作虚拟形象的人，由中之人为虚拟形象配音，与观众互动；中之人是 Vtuber 虚拟主播的灵魂，作为驱动 3D 写实的虚拟偶像，中之人是需要穿戴全身动作捕捉设备的。2020 年 1 月至今，哔哩哔哩上的虚拟主播数量增长了将近 7 倍，催化因素主要来源于疫情影响：线上娱乐市场整体增长，催生了新的观众市场，增加了需求。

而随着建模技术的提高，出现了超写实虚拟偶像，与真人真假难辨，因此其在展示方式和商业模式上能够有更多创新，可以担任美妆博主、模特等。而早期的虚拟偶像往往是二次元形象，展示方式为音乐、动画、CG 等，这些虚拟偶像的内容表现形式一般为娱乐视频。

受二次元用户持续增加、虚拟偶像逐步破圈、虚拟偶像相关技术持续成熟等因素驱动，虚拟偶像市场规模将持续扩大，预计未来 5 年，中国虚拟偶像市场规模仍将保持较高的速度增长。

虚拟偶像行业市场规模的主要驱动因素包括：

（1）二次元用户持续增加：2017 年，中国二次元用户约为 3 亿人，而 2020 年已约达 4 亿人。虚拟偶像是二次元内容的重要构成部分，随着二次元用户数量的持续增加，虚拟偶像的受众将随之增加。

（2）虚拟偶像逐步破圈：虚拟偶像的粉丝数量持续增加，头部虚拟偶像粉丝数量（如洛天依在微博的粉丝数量已超 500 万）甚至远超部分真人偶像。

（3）虚拟偶像相关技术持续成熟：随着全息投影、AR、VR 等技术持续发展成熟，虚拟偶像的制作与运营等成本将持续下降，同时这些技术也将有助于提升虚拟偶像带给用户的体验，预计未来虚拟偶像的渗透率将逐渐提升。

（4）变现场景多元化：受益于 5G、AR、VR 等技术的进步，虚拟偶像将在直播带货、VR 演唱会等场景的应用中为用户提供更良好的体验。此外，企业将虚拟偶像产品化，虚拟偶像可作为虚拟助手、虚拟教师、虚拟客服等应用于更多场景，变现路径更加多元。

（5）品牌方付费意愿提升：随着虚拟 IP 愈趋成熟，品牌方与虚拟 IP 的联动将随之提升，如部分直播间付费邀请虚拟偶像作为主播进行直播带货，付费金额可高于部分头部主播。

如图 10-17 所示的市场调查显示，随着虚拟偶像逐步发展成熟，用户对虚拟偶像的付费意愿不断提升。

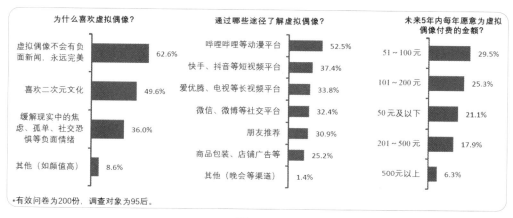

图 10-17

在虚拟偶像的喜欢原因方面，约62.6%的用户表示因为虚拟偶像不会有负面新闻，约49.6%的用户表示因为喜欢二次元，约36.0%的用户表示通过虚拟偶像可以缓解现实中的焦虑、孤单等负面情绪。

在了解虚拟偶像途径方面，用户主要通过哔哩哔哩等动漫平台了解，其占比约为52.5%，主要原因在于哔哩哔哩等动漫平台是二次元用户的聚集地，而虚拟偶像是二次元文化的重要构成部分。其次为快手、抖音等短视频平台，其用户占比约为37.4%，主要原因在于短视频具有传播范围广、受众更多等特点。

在付费意愿方面，当前用户在虚拟偶像方面的付费意愿度较低，但随着虚拟偶像在中国逐步发展成熟，并且虚拟偶像可被任意设计成符合不同群体喜好的外形、声音甚至性格，虚拟偶像能更容易收获特定群体的粉丝。市场不断培育用户的付费习惯，用户的付费意愿将持续提升。

■ 10.5.2 服务型虚拟人有望快速发展

服务型虚拟数字人区别于身份型虚拟数字人的一大核心要素在于其可利用深度学习模型，驱动呈现自然逼真的语音表达、面部表情和动作，还可通过预设的问答库、知识图谱实现与现实世界的交互，原本需要真人但可以标准化的工作，都可以用服务型数字人代替。相对于虚拟偶像、虚拟主播着重强调用表演等功能来满足娱乐、营销化需求，服务型虚拟人强调用日常陪伴、业务引导等功能来满足多样化、重复性服务需求，服务型虚拟数字人正成为市场上的"新宠儿"。

目前服务型虚拟人的写实程度突破了"恐怖谷理论"的限制，应用场景将迎来发展。"恐怖谷理论"揭示了人类对于人形事物会产生正面情感，直到一个特定程度，他们的反应便会突然变得极为排斥。哪怕机器人与人类只有一点点的差别，都会显得非常刺眼，显得非常僵硬恐怖。随着虚拟人制作技术的提高，超写实精度的虚拟人建模使得虚拟人提供的服务变得更加自然。当技术跨越这种恐怖谷的用户体验限制，虚拟人与真人从外表无法区分时，应用场景将迎来更大的发展空间。通过打造特定应用场景的虚拟人，能够大幅度提升用户的业务体验。

如图10-18所示，服务型虚拟人将在多个传统领域带来变革，通过打造特定应用场景的虚拟人，能够大幅度提升用户的业务体验。典型的场景包括影视、金融、文旅、教育、医疗和零售。

在政策层面，2021年10月广电总局发布的《广播电视和网络视听"十四五"科技发展规划》中指出："要推动虚拟主播、动画手语广泛应用于新闻播报、天气预报、综艺科教等节目生产，创新节目形态，提高制播效率和智能化水平"，首次明确地鼓励和支持虚拟人的发展。传媒场景的服务型虚拟人成为重点突破，如央视新闻引进AI技术打造的首位虚拟AI手语主播，为中国听障群体带来了冬奥会手语服务。

领　域	场　景
影视	虚拟替身特效可以帮助导演实现现实拍摄中无法表现的效果，是商业大片拍摄中的重要技术手段
金融	通过智能理财顾问、智能客服等角色，实现以客户为中心的、智能高效的个性化服务
文旅	博物馆、科技馆、主题乐园、名人故居等虚拟小剧场、虚拟导游、虚拟讲解员
教育	基于 VR/AR 的场景式教育，虚拟导师帮助构建自适应 / 个性化的学习环境
医疗	提供家庭陪护 / 家庭医生 / 心理咨询师等医疗服务，实时关注家庭成员身心健康，并及时提供应对建议
零售	从大屏到机器人再到全息空间，切入线下零售服务新流程，虚拟主播也可以进行电商直播

资料来源：《2020 年虚拟数字人白皮书》

图 10-18

一方面服务型虚拟人可以满足超越时空的个性化服务需求，让他们随时随地享受服务。另一方面，内容的传达更加有亲和力，提升服务的体验质量，促进各行业存量市场的降本增效，提高了以往简单模态服务场景下的客户体验，内容的传达更加有亲和力，提升了服务的体验质量。

得益于技术的创新以及公众认知度的提高，虚拟人的功能不再局限于满足大众的娱乐需求，B 端场景应用不断拓宽。未来虚拟数字人将逐渐渗透营销、政务、银行、地产等领域，服务型功能凸显，帮助企业实现降本增效，虚拟人产业将往规模化、社会服务方向发展。未来或许人们能在多个行业领域看到虚拟人的身影，虚拟人服务可带给人们新鲜感，也能克服一些空间、时间因素，实现多场景服务。

▌10.5.3　虚拟人产业的规模化落地应用仍待发展 ▏

虚拟人这一赛道还很年轻，虽然商业前景十分广阔，但虚拟人规模化落地仍面临不少难点：

（1）投入成本极高。根据《2021 年中国虚拟偶像市场分析报告》，虚拟偶像的上游投入主要集中在专业人才和软件成本上。3D 虚拟偶像的制作，画师和建模构思的投入可达数十万至百万元。如果虚拟偶像需要推出一款单曲，包括编曲、建模、形象设计、舞台方案定制等，成本高达 200 万元，且不包括传播费用。

通常来说，超写实虚拟人的视频每秒成本在 8000 元至 1.5 万元区间，一幅图片则要几千元，目前做虚拟人的公司里，有 90% 以上盈利都很困难。

（2）价格高昂，产能也不足。当前制作虚拟人，大部分依旧采用 3D 建模＋动作捕捉技术，这是一种比较传统的方式，可以生产出电影画质、精致细腻的虚拟人，但成本高，产能不高。

（3）更加制约虚拟人持续发展的问题是，当前虚拟人的变现方式还是局限在直播、演唱会等短期流量红利中，还无法创造新的价值空间。大多数仅限于直播带货、新闻播报、多语种播报、气象播报等单一场景，没有进一步下沉推广。

179

长期来看，虚拟人背后的公司或许需要探索更全面的价值，例如打造闭环、可互相连接的内容生态，创建类似于迪士尼的品牌等。

（4）当然，不可否认的是，虚拟人的认可度也需要进一步提高。目前的 AI 虚拟人虽然才艺广泛，但还很难做到结合自身的理解和感受，缺少情感互动，也不能即兴组织语言，无法感知关怀、温暖，也就难以产生真正的共鸣。

什么是虚拟人的真正爆发？就是不需要教育市场的时候。还记得大家最开始纷纷购买 iPad 那时吗，都是奔着切水果的游戏而去的，那不是教出来的。顺便说一句，虚拟人并不只是要重新创造或属于明星，每个人都可以拥有自己的虚拟人，分享数字世界的生活，这将是和元宇宙关系最紧密的应用。各种流派的虚拟人将从时尚到娱乐、从文化到商业、从明星到平民，让各行各业以及每一个普通人都能将加入虚拟人和元宇宙的大潮中。

在美剧《硅谷》中，曾有这样一幕有趣的剧情：程序员 Gilfoyle 用 AI 聊天软件"安东之子"捉弄他的好友 Dinesh。该软件能模拟独属于 Gilfoyle 的闷骚幽默，让 Dinesh 误以为是在与 Gilfoyle 本人聊天。发现真相后，同为程序员的 Dinesh 也做了一个 AI 机器人用来报复 Gilfoyle。结果，两个 AI 机器人热聊了起来，还把网络给聊崩了……

这样的场景已经走入现实。美国人工智能实验室 OpenAI 推出的语言模型系统 GPT-3 就曾经构建出两个人工智能之间的对话，谈论如何成为人类，令看客大呼脊背发凉。但 OpenAI 并未止步于此，而是将 GPT-3 进化为最近风靡全网的 ChatGPT，后者不仅在大量网友的"疯狂"测试中表现出各种惊人的能力，如流畅对答、写代码、写剧本、辩证分析问题、纠错等，甚至让记者、编辑、程序员等从业者都感受到了职业危机，更不乏其将取代谷歌搜索引擎之说。可以说，继 AlphaGo 击败李世石、AI 绘画大火之后，ChatGPT 开启了人工智能对人类社会产生深远影响的又一扇窗口。

以 ChatGPT 为代表的生成式 AI 技术完全有潜力成为 Web3 时代的生产力工具，解决数字世界的数据资产与内容生产难题，解决 Web3 发展中的关键短板，为 Web3 创作者和贡献者们提供更可靠和更便捷的生产力工具，加速 Web3 时代的到来。Web3 与 AI 的碰撞将激发出更多充满想象力的应用创新。

11.1 什么是 ChatGPT

11.1.1 ChatGPT 的彪悍人生

可能很多人不知道 ChatGPT 是什么，因为它还没有推出国内的应用。这款工具是美国一个人工智能公司 OpenAI 开发的全新聊天机器人，它能够通过学习和理解人类的语言进行对话，还能根据聊天上下文进行互动，并协助人类完成一系列的任务。

这是一款重磅产品。2022 年 11 月才推出，在短短的两周内就吸引了超过百万的用户。

千万别小瞧了这款工具，它在全球真是火出了天际！短短 2 个月时间，ChatGPT 的注册用户就超过了 1 个亿！这是什么概念呢？之前抖音海外版 TikTok 是全球增速最快的应用了，它到达一个亿用户，也花掉了 9 个月时间，可是 ChatGPT 比它快了足足 4.5 倍！

并且这不只是一款产品，而是一个系统，第三方公司可以接入使用。向 ChatGPT 母公司 OpenAI 还要追加投资数十亿美元的微软，就已经应用上了。2023 年 2 月 8 日，微软宣布将 GPT-4 模型（ChatGPT 所用模型的升级版）集成至 Bing 及 Edge 浏览器里。

ChatGPT 对信息的处理与创作能力让人们惊叹，也让一大堆打工人陷入了恐慌，包括文字工作者、数据分析师、客服、文秘等 10 多个职业，都被视为要被抢饭碗的重灾区。

比尔·盖茨说"ChatGPT 的出现不亚于 PC 和互联网的诞生，意义重大，人工智能越来越接近普通人的智能了。"马斯克评价"ChatGPT 好得吓人，我们离强大到危险的人工智能不远了。"库克说"人工智能是我们的主要关注点，这是不可思议的。"看看这些互联网大佬的评价，就知道 ChatGPT 技术有多强大。

11.1.2 如何注册、登录 ChatGPT

如何注册、登录 ChatGPT ？首先建议你使用海外地区的一台云主机进行操作，因为 OpenAI 在中国境内目前还没有申请相关的许可。打开主页后，首先会确认你是不是真人，如图 11-1 所示。

然后要你输入一个 Email 地址来创建账号，登录密码至少要 8 位，如图 11-2 所示。

图 11-1

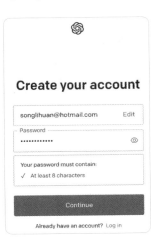

图 11-2

这时，你的邮箱会接收到验证邮箱的邮件，如图 11-3 所示，单击 Verity Email Address 链接。

图 11-3

　　然后，根据屏幕指示操作完善你的姓名，机构名称可不填，如图 11-4 所示。单击下方的
Continue 按钮后，你会来到验证手机号码界面。

　　如图 11- 5 所示，这里一定要用一个海外手机号码接收验证码短信，笔者请一个印度朋
友帮忙接收了验证码。

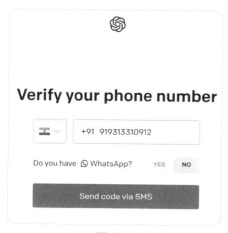

图 11-4

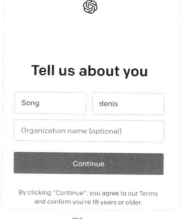

图 11-5

　　这里请大家注意，中国区的 +86 是不行的。如果你用 GoogleVoice 的话，也会被判别是
虚拟电话，而接收不了验证码。注册完成之后就可以登录 ChatGPT 官网了，如图 11-6 所示。

图 11-6

11.1.3 ChatGPT 究竟能干什么

　　为了回答这个问题，笔者拿 ChatGPT 做了一个实验。最近笔者正好疯狂地迷恋上电视剧
《狂飙》,而高启强读的《孙子兵法》是全剧的一个亮点。于是,笔者就问 ChatGPT 了一个问题——
孙子兵法对于卖鱼有什么意义？大概过了 30 秒，ChatGPT 给了笔者答案，是一篇小论文，截
取部分如图 11-7 所示。

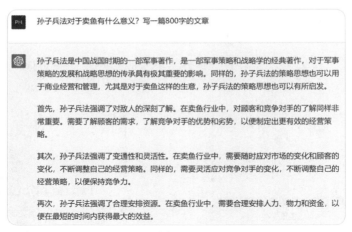

图 11-7

人工智能的强大看得笔者不寒而栗，于是笔者又给 ChatGPT 提出了新的挑战，让 ChatGPT 编写程序！编程往往被称为最高级别的脑力挑战之一，我们以前也很乐观地认为，无论人工智能有多强大，程序员的工作是不可替代的，因为它需要创造性！

笔者出了一道题，让 ChatGPT 编写一段 Python 代码，即熟悉编程的人都知道的经典"冒泡排序"，结果如图 11-8 所示，ChatGPT 还提供对代码的详细解释。

提升一下难度，用 R 语言绘制一个小提琴图，ChatGPT 的回答如图 11-9 所示。

图 11-8

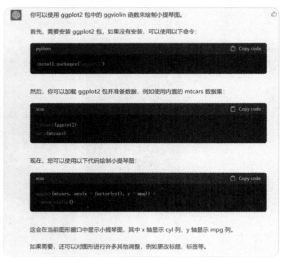

图 11-9

笔者打开 R-Studio，复制 ChatGPT 给的代码，运行结果如图 11-10 所示。

好吧，ChatGPT 的编码能力已经让笔者吃惊，这时同学在微信上问笔者了一个问题，她在用 R 语言处理基因表达矩阵时碰到一个问题，如图 11-11 所示。

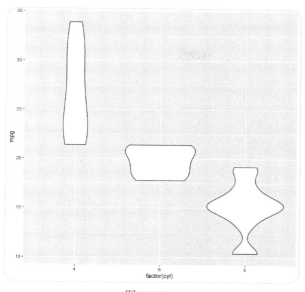

图 11-10

图 11-11

现在来看 ChatGPT 能否解决这个问题。稍等片刻，ChatGPT 给出了答案，告诉笔者用一个 gsub 函数来完成，如图 11-12 所示，非常让人吃惊。

图 11-12

能写文章，还能写代码，还有什么是 ChatGPT 不能做的吗？社交平台上"ChatGPT 做表格"的帖子热度在一路飙升。只需输入要求、数据，ChatGPT 就能从头做个表。不会写公式，让 ChatGPT 帮忙想想公式？比如想要计算表格中的工资数目，如图 11-13 所示，ChatGPT 能根据提示给出正确的公式。

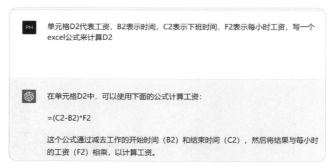

图 11-13

还有提取数据这种复杂的操作，自己想出来的公式往往很复杂，有了 ChatGPT 就能偷懒了，如图 11-14 所示。

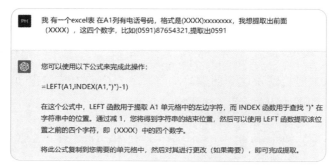

图 11-14

这一通行云流水的 Excel 操作很令人惊叹。ChatGPT 如此强大，因此马斯克在推特上洋洋自得地说了一句："这是一个新世界，家庭作业可以再见了！"马斯克说的不是玩笑话，确实 ChatGPT 可以为孩子做很多事情。因此，自从 ChatGPT 推出后，它瞬间涌入了很多用户，而且都是学生！

那么专业的事情，比如生物信息分析，ChatGPT 懂吗？笔者问了一个"乙型肝炎病毒感染后肝细胞基因表达差异有哪些改变？"，如图 11-15 所示，ChatGPT 回答的思路很有条理。

图 11-15

再问如何下载 GEO 数据库（最全面的基因表达数据库）的数据，ChatGPT 的回答如图 11-16 所示。

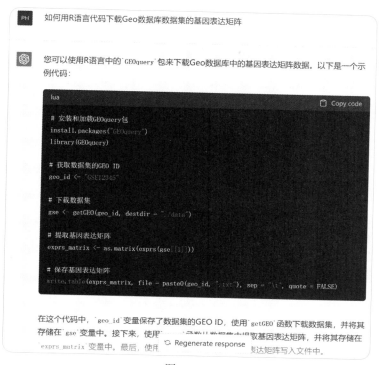

图 11-16

ChatGPT 还是生物信息分析的好帮手，如果你要投稿 SCI 期刊，ChatGPT 给出的建议如图 11-17 所示。

图 11-17

甚至连医学生职业生涯的迷茫也能给出参考建议，如图 11-18 所示。

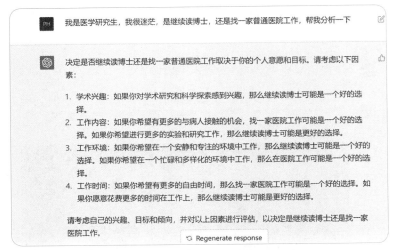

图 11-18

笔者想让它帮忙算命，ChatGPT 会告诉我"您的未来取决于您的决策和行动，而不是生肖或生日……"，如图 11-19 所示，真是好惭愧。

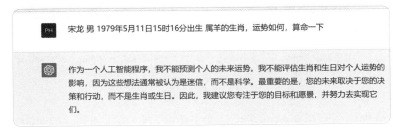

图 11-19

ChatGPT 作为标志性机器智能生产力工具，与蒸汽机的意义如出一辙：①具有解放重复性脑力（知识蓝领）工作以及机械工业系统的潜力（颠覆性）；②嵌入式特质，使其具有低成本、广泛应用到各个产业部门的潜力（经济性）。

11.2 ChatGPT 的技术原理

要想了解 ChatGPT 的技术原理，我们首先了解一下 GPT。GPT（Generative Pre-trained Transformer）是一种基于互联网可用数据训练的文本生成深度学习模型。它可用于问答、文本摘要生成、机器翻译、分类、代码生成和对话 AI。

2018 年，GPT-1 诞生，这一年也是自然语言处理（Natural Language Processing，NLP）的预训练模型元年。发展到 GPT-3，系统的聊天能力已经无限接近人类，甚至有超越之势。而相对于 GPT-3 通过海量学习数据进行训练，ChatGPT 又有进步，它被加入道德准则。按照预先设计的道德准则，ChatGPT 会对不合理或无法回答的提问和请求"说不"。敢于质疑、主动承认错误，这样的"性格"可以不断提升 AI 本身对用户意图的理解以及结果的准确性。

ChatGPT 的训练方法让它学会了从人类反馈中强化学习（Reinforcement Learning from Human Feedback，RLHF）。ChatGPT 使用"预训练 - 微调"的工作范式训练了一个初始模型：人类 AI 训练员提供对话，他们在对话中扮演双方——用户和 AI 助手，AI 训练员可以访问模型编写的对话回复，并帮助 AI 调整回复内容。被训练后的 ChatGPT 能够识别恶意信息，识别后拒绝给出有效回答，或记住用户之前向它提问的内容，以各种方式组合语境想法，变成一个灵感生成器。ChatGPT 上线后，将大量客户的反馈互动用于 AI 的学习，并将其变成推动 AI 进步的关键一环。

现在的 ChatGPT 则是由效果比 GPT-3 更强大的 GPT-3.5 系列模型提供支持的，这些模型使用微软 Azure AI 超级计算基础设施上的文本和代码数据进行训练。具体来说，ChatGPT 在一个开源数据集上进行训练，训练参数也是前代 GPT-3 的 10 倍以上，还多引入了两项功能：人工标注数据和强化学习，实现了在与人类互动时从反馈中强化学习。

因此，我们得以看到一个强大的 ChatGPT：能理解人类不同指令的含义，会甄别高水准的答案，能处理多元化的主题任务，既可以回答用户的后续问题，也可以质疑错误问题和拒绝不适当的请求。

当初，GPT-3 只能预测给定单词串后面的文字，而 ChatGPT 可以用更接近人类的思考方式参与用户的查询过程，可以根据上下文和语境提供恰当的回答，并模拟多种人类情绪和语气，还改掉了 GPT-3 的回答中看似通顺，但脱离实际的毛病。不仅如此，ChatGPT 能参与到更海量的话题中来，更好地进行连续对话，有上佳的模仿能力，具备一定程度的逻辑和常识，在学术圈和科技圈人士看来时常显得博学而专业，而这些都是 GPT-3 无法达到的。

11.3 ChatGPT 和云计算的关系

11.3.1 ChatGPT 需要云计算吗

ChatGPT 是通过云计算技术提供支持的。OpenAI 的 ChatGPT 模型是在大量的云计算资源上训练的，并通过云接口与用户进行交互。用户可以通过互联网访问 ChatGPT 并使用它的功能。这意味着，ChatGPT 不需要在本地安装或维护，而是通过云服务提供商提供的互联网服务来使用。这种方式可以帮助用户减少软件和硬件成本，同时可以获得高效的计算能力。

OpenAI 的 GPT 模型是目前最大的语言模型之一。因此，它需要巨大的计算能力来训练和运行。具体而言，GPT 模型需要使用数十万个处理器核心和数 PB 级存储来做训练。这些要求高昂的硬件成本是为了提供先进的语言理解和生成能力，但它也导致了 GPT 模型和类似模型的使用受到限制，因为它不能在普通的个人计算机上运行。相反，它通常在大型数据中心或云计算平台上运行，并通过 API 与其他应用程序集成。

11.3.2　ChatGPT 的核心竞争力是算力

随着 ChatGPT 的进化迭代以及使用人数和使用场景的激增，ChatGPT 对算力的需求也将急速膨胀。ChatGPT 的"背后英雄"系 GPU 或 CPU+FPGA 等海量算力支撑。ChatGPT 的技术底座是大型语言模型（Large Language Models，LLMs），中文习惯称为"大模型"。算法是大模型成功的首要条件，然后要"喂"给算法海量的数据（数据量级跃升，能带来更多能力的涌现），再搭配强大的发动机——大算力，才能获得基础的大模型。

一个 ChatGPT 应用的算力消耗已经让人瞠目。其大模型 GPT 经历了三次迭代，即 GPT、GPT-2 和 GPT-3（当前开放的版本为 GPT-3.5），其参数量从 1.17 亿增加到 1750 亿，预训练数据量从 5GB 增加到 45TB，其中 GPT-3 单次训练的成本就已经高达 460 万美元。最新的 GPT-3.5 在训练中使用了专门建设的 AI 计算系统——由 1 万个 V100 GPU 组成的高性能网络集群。同样，国产自研的一些 AI 模型不仅在参数量上达到了千亿级别，而且数据集规模也高达 TB 级别。想要搞定这些"庞然大物"的训练，就需要投入庞大的计算资源。

一言以蔽之，以大模型为代表的 AI 新时代，算力便是核心竞争力。而 AI 芯片是针对人工智能算法做了特殊加速设计的芯片，也被称为 AI 加速器或计算卡，是 AI 的算力基础。要知道，ChatGPT 是有着大量复杂计算需求的 AI 模型，GPU、FPGA、ASIC 等 AI 芯片专门用于处理这些计算任务，是不可或缺的底层硬件。

据了解，采购一片英伟达顶级 GPU 的成本为 8 万元，GPU 服务器的成本通常超过 40 万元。对于 ChatGPT 而言，支撑其算力基础设施至少需要上万颗英伟达 GPU A100，一次模型训练成本超过 1200 万美元。

ChatGPT 对于高端芯片的需求增加会拉动芯片均价，量价齐升将导致芯片需求暴涨，在未来大模型的趋势下，AI 芯片市场成长可期。ChatGPT 走红的背后是海量算力支撑，但随着 ChatGPT 的进化迭代以及使用人数和使用场景的激增，对算力的需求也将急速膨胀。

11.4　解析 ChatGPT 的商业前景

北密歇根大学哲学专业的一名学生深谙摸鱼之道的精髓，直接利用 ChatGPT 完成了一篇专业论文，不仅成功逃脱了查重风险，更是被教授判定为"全班最好的论文"，ChatGPT 精妙的完成度令全球哗然，在海外掀起一阵风暴。同时，ChatGPT 所带来的科技创新也得到了国内的关注。夹杂着对 AI 的惊叹、恐慌与好奇，ChatGPT 迅速破圈，并登上微博热搜。从微信指数上来看，ChatGPT 的热度甚至力压前期的爆款影视剧《狂飙》，真实上演了科技圈的"狂飙"。

在国内，AI 颠覆式变革带来的热闹景象正在全民参与热潮中挖掘应用场景：从聊天、写作、编写代码到短视频脚本、剧本杀……可以看到，在多数人还在对 ChatGPT 满怀好奇时，第一批吃螃蟹的人已经出现了。

科技是第一生产力，也能解放生产力。综合来看，ChatGPT 是一款能够持续进化的"你问我答"式工具，并且有着百科全书般丰富的知识储备，正因为如此，打工人开始将其应用到自身的工作中。

比如作为一名短视频编导，每天的工作就是撰写短视频脚本。短视频最关键的部分是创意，而最耗时的部分其实是脚本的撰写工作。举例来看，输入"家长教导孩子看书专注的视频脚本"，ChatGPT 就会围绕亲子关系生成契合主题的内容，如图 11-20 所示。

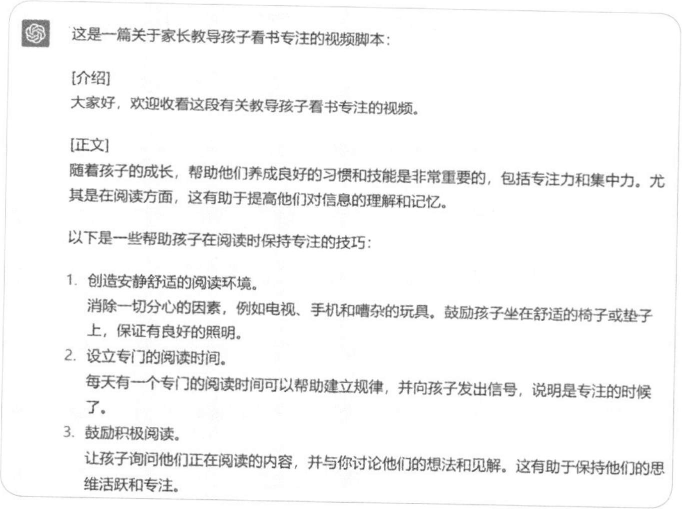

图 11-20

ChatGPT 在完成"命题作文"方面表现卓越。有了 ChatGPT 的助力，脚本撰写的效率自然也得到了提升。除了撰写短视频脚本外，ChatGPT 也在网文写作、剧本杀等行业发挥效用。ChatGPT 的便利之处在于其生成的结果并不是碎片化的信息，而是具有强逻辑关联的小作文或片段式的结构短文。这对于创作是一件非常方便的事情，可以大大提高写作的效率。在利用 ChatGPT 创作故事时，首先将故事背景交代清楚，比如，"以霸道总监爱上单纯实习生为主题写一篇小说"，ChatGPT 就可以据此产出一个逻辑自洽的小故事，如图 11-21 所示。

ChatGPT 会补充清楚主角的姓名、性格以及故事的大致走向。在此基础之上，可以通过 ChatGPT 生成的内容进行追问，引导 ChatGPT 将故事讲述完整。比如，通过追问"两人第一次约会的场景是什么样的"等问题，如图 11-22 所示，让 ChatGPT 帮助网文作者设计故事情节以及人物性格。

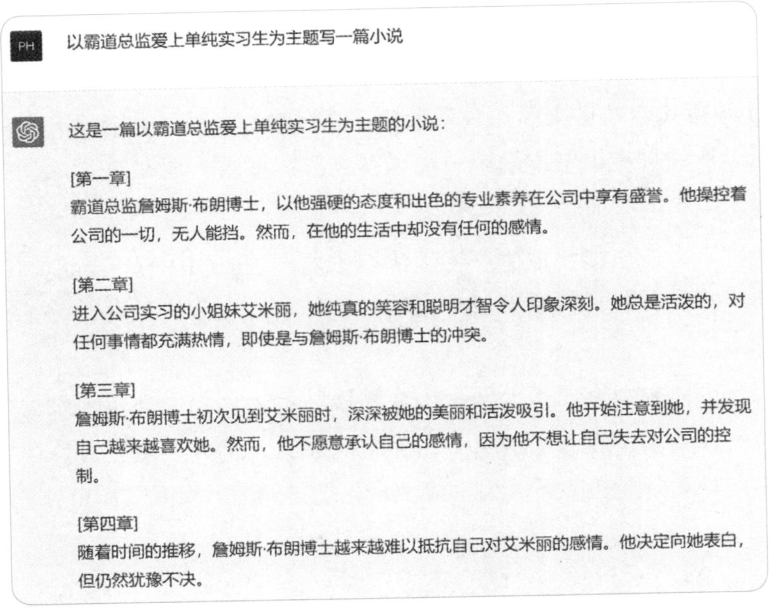

图 11-21

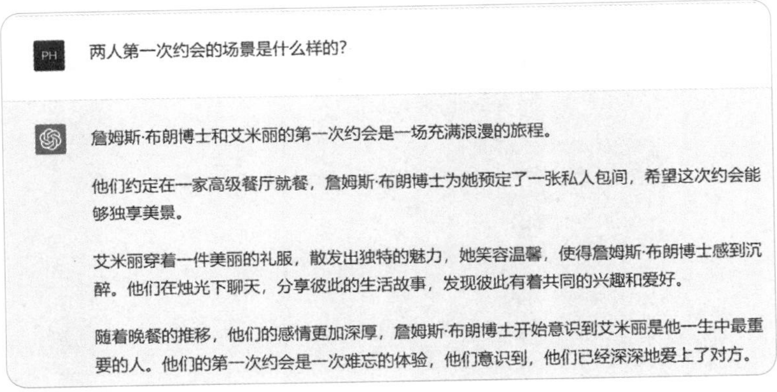

图 11-22

  ChatGPT 非常适合网文这种更新速度快、故事情节要求不高的内容创作，可以帮助网文作者实现稳定的更新频率。剧本杀的创作和网文创作方式相似，通过设定好具体的场景结构以及大致的剧情走向，ChatGPT 就可以补充好具体的情节内容，并且最终以剧本的形式展现出来，能够解放编剧的时间。

  ChatGPT 的能力已经涉及 AI 模型之间的合作，这就不得不提到 AI 自动化内容生成（Artificial Intelligence Generated Content，AIGC）。AIGC 是一种利用人工智能技术生成新内容的方法。它可以快速、自动、准确地从大量原始数据中生成新内容，大大提高了内容创作效率。AIGC 使用机器学习算法自动识别文本特征，并从原始内容中抽取出有用的内容，从而快速生成新内容。AIGC 可以在文字、音频、图片等方面实现内容生成，极大地提升了内容创作效率和质量。

　　AI 文字绘画是最近很火的 AIGC 工具，和 ChatGPT 两者的结合使得产出一个更优质的 AI 画作变得更简单。目前，AI 绘画（或制图）的难点在于如何写出一段描述，能够把自己想要的画面用语言表达出来是很困难的。如图 11-23 所示，我们可以要求 ChatGPT 写一个描述女孩的文案。

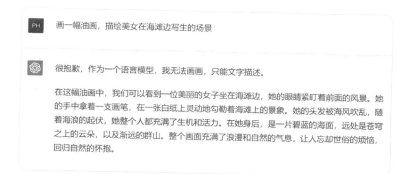

图 11-23

　　然后用 ChatGPT 生成的文案画出了女孩的图像，如图 11-24 所示。

图 11-24

　　OpenAI 的研究领域包括机器学习、自然语言处理和强化学习，其能在短短几年间迅速崛起，与创始人阿尔特曼对 AI 的创意性理解密切相关："十年前的传统观点认为，人工智能首先会影响体力劳动，然后是认知劳动，再然后，也许有一天可以做创造性的工作。现在看起来，它会以相反的顺序进行。"

　　国内某初创公司推出的聊天应用程序和 ChatGPT 相似，同样采用了生成式对话 AI 的形式。它的产品逻辑更强调社交属性，最重要的例证之一就是允许用户自由设定聊天机器人的性别、性格，强化了工具的趣味性。当然，除了单一对 ChatGPT 的模仿之外，国内生成式对话 AI 也进行了新奇、有趣的尝试。例如，依托上海话为训练文本的上海话 AI 正在成型中。这一工具不仅能正确识别上海话，还能用上海话对用户提出的问题做出解答，吸引了不少用户的兴趣。

ChatGPT 不仅成为一线大佬口中的新机会，还变成了所有互联网公司和科技公司的新故事。2023 年 2 月 10 日晚间，原美团联合创始人王慧文的一条朋友圈截图流传开来，这位早期互联网创业者发布了自己野心勃勃的人工智能宣言，砸下 5000 万美元入局。从海外的动向来看，ChatGPT 将会被整合进微软旗下的 Bing 搜索中，可以预见，一场关于搜索引擎的变革即将发生。OpenAI 也正在验证 ChatGPT 的商业化价值，OpenAI 宣布推出 ChatGPT Plus 付费订阅套餐，每月收费 20 美元，开启商业化变现道路。订阅该套餐的用户可在免费服务的基础上享受高峰时段免排队、快速响应、优先获取新功能等额外权益。除了 ChatGPT 以外，Stable DiffusionAI 文字绘画也开启了商业变现，根据内容生成次数、生成质量等条件设置多级别订阅套餐。

ChatGPT 在 To B 端到 To C 端的智能运用方面具有巨大的商业价值，通过 ChatGPT 交互平台可以帮助企业与客户建立有效的沟通方案，并在教育、医疗、汽车、智能场馆、智能家居等领域产生新的行业发展变革，在提高服务品质的同时也降低了企业的服务成本。面对这一产业红利，中国的科技圈势必要快马加鞭。

当然，ChatGPT 需要提升的空间还有很多。比如理解多样性和包容性，还需要更加细致地研究如何让模型更好地理解多元文化和性别、年龄等，以避免存在偏见。还得降低鲁莽回答的风险，由于 ChatGPT 的回答是基于大量预先训练的文本数据，因此存在错误或不适当回答的风险。还需要提高对上下文的理解，改进交互体验。除此之外，它还面临一些政策法规上的争议。

一个简单的例子，一些学生用 ChatGPT 写论文、写作业，让 ChatGPT 受到争议，OpenAI 最近就推出了 AI 生成内容识别器，希望能平息人们的一些批评。尽管这个工具还不完美，但已经给出了一个解决的办法。所以，大规模应用 ChatGPT 的时代是会来临的，或许比想象的还要快。这些存在的问题让 ChatGPT 的大规模商业化需要一定时间。但这些问题似乎已经没有那么重要，"道"已经出现，剩下的就交给"术"，一切问题的解决，也只是时间问题。